# 牛顿、爱因斯坦和宇宙学的科普精粹

## ---灵感的源泉

陆金伟 博士

Copyright © 2017 陆金伟

All rights reserved.

ISBN-13: 9781548371098

ISBN-10: 1548371092

作者尊重遵守版权，若本书无意中有冒犯，深表歉意并敬请原谅。

While every effort has been made to appreciate copyrights, the publisher would like to apologise for any omission and will be pleased to incorporate missing acknowledgements in any future editions.

### ACKNOWLEDGMENTS

本书得益于互联网上知识共享公共领域（Creative Commons Public Domain）图片以饷读者，为此衷心感谢。恕不一而足，作者特别推荐如下网站：

https://en.wikipedia.org

https://commons.wikimedia.org

http://aether.lbl.gov/www/classes/p139/exp/gedanken.html

https://thebrilliantcosmos.wordpress.com/category/string-theory/

http://abyss.uoregon.edu/~js/21st_century_science

http://www.astronomynotes.com/relativity/s3.htm

https://www.cfa.harvard.edu/seuforum/

https://map.gsfc.nasa.gov/

# 前言

"自然和自然的法则隐藏在黑夜中;上帝说:让牛顿出世吧!于是一切豁然开朗"[1]!明天的地球需要科普教育,人类文明进步需要科普教育。此书致力于传播关于牛顿、爱因斯坦和宇宙学的科普精粹,激发读者科学好奇和求索。

图 1 明天的地球,credit Sciencemag

2000 多年前,亚里士多德著有物理学、生物学、动物学、元物理、逻辑学、伦理学、美学、诗歌学、戏剧学、音乐学、修辞学、语言学、政治学和政府学,形成了*第一个西方哲学体系*。

300 多年前,牛顿建立了牛顿三大运动定律和万有引力定律,统一了地上和天上物体运动的描述、解释、预测,构成了*第一轮万物理论*。今天他的万有引力定律仍然用于上九天揽月下五洋捉鳖,仍然用来发送深空飞船到太阳系边缘及之外;然而更深层的划时代意义是:牛顿最先用一系列定律和数学方程,即非神秘的、非精神的、人能理解的物质与运动定律,揭示了宇宙万物运动规律,"使

---

[1] Nature and nature's laws lay hid in night; God said, "Let Newton be!" and all was light!

数学的光辉照亮了笼罩在假设与猜想的黑暗中的科学"[2]，从而导致理性时代取代神秘时代。

100多年前，爱因斯坦出神入化出相对论：质量能量告诉空间时间如何弯曲而弯曲的空间时间告诉质量能量如何运动，从而统合了物质、能量、时间和空间四个物理量，实现了牛顿时代以来的最大统合，构成了*第二轮万物理论*。广义相对论解释了牛顿未解的超距作用之谜，是当代宇宙学的基础，预言出了宇宙大爆炸、光弯曲、引力波等，爱因斯坦关于引力波和量子纠缠的学说让科学家如痴如醉地追踪了几十年并开始进入黄金期。

图2 广义相对论解释了牛顿的未解之谜[3]：在地球和探测器之间传输的无线电信号（绿色的波）因太阳质量弯曲时空而延迟。

*当今的万物理论*致力于统一描述自然界四种基本相互作用（fundamental interaction），即统合引力、强核力、电磁力和弱核力的自然界四基本力，用以最终解释宇宙的所有物理奥秘。该理论是如此神奇，也许只有上帝清楚知道它的来龙去脉！所有现代物理学所依赖的两种最成功理论：广义相对论和量子理论，它们的珠联璧合是最接近想像中的万物理论。

---

[2] "...spread the light of mathematics on a science which up to then had remained in the darkness of conjectures and hypotheses."
[3] High-precision test of general relativity by the Cassini space probe (artist's impression): radio signals sent between the Earth and the probe (green wave) are delayed by the warping of spacetime (blue lines) due to the Sun's mass.

世界处处有神奇，当以科学眼光审视世界的神奇时，它们变得更神奇。现代科学的发现令人惊叹，甚至神乎其神、难以置信：物质是能量；微量的原子核能释放巨大的能量；在接近光速运动时时间流逝减慢；空间本身可以弯曲；宇宙在加速膨胀；还有那不可思议的量子纠缠（quantum entanglement）现象。牛顿成果、爱因斯坦思想、及当今的万物理论促进了人类文明的跃进，是人类*科学的结晶*，近乎神迹，都无愧是我们灵感的源泉。

本书以牛顿的传奇学术和爱因斯坦的不朽思想为线索，将相关的数学、物理、天文等科普方面的光辉思想和成果有机逻辑地联系起来。首先回溯牛顿所倚的科学巨人，探究牛顿的成长氛围，演进牛顿的万有引力定律等传奇学术及其影响，然后管窥爱因斯坦的不朽相对论思想，接着领略层出不穷的宇宙奥秘，最后仰望统合引力、强核力、电磁力和弱核力的自然界四基本力的万物理论---上帝思想。书作还配有大量的不朽精美艺术图片。

另外在书末，索引帮助读者快速查找索引条目及其背后闪着灵感之光的小故事；学者年表包括学者的寿龄和生活年份，反映他们的相对先后和学术传承；爱因斯坦场方程能简化出牛顿引力定律，引入宇宙学常数的爱因斯坦场方程也应能简化出相应的牛顿引力定律，或简化出修正的牛顿引力定律，书末的论文摘要表示这修正的牛顿引力定律有什么预测。

期望此作能有助于回答下述等读者关注的问题，
- o 为什么在英伦小岛诞生出人类最伟大的科学家牛顿？
- o 爱因斯坦奇异的相对论思想是从天而降的吗？
- o 人类能科学解释层出不穷的宇宙奥秘吗？

此作也提到似乎只有上帝才知道的如下挑战性问题，假如大爆炸理论是对的那么
- o 大爆炸前的原始物质和能量从哪里来？
- o 大爆炸前宇宙的空间、时间、物质和能量是什么样子的？
- o 什么启动大爆炸？

读书足以怡情，足以傅彩，足以长才[4]。期盼育英父母、好奇神童、寻妙学子、导师伯乐、和科教规划者开卷有益，从中找到楷模、动力、灵感、方法、启迪、哲理等。牛顿曲折多舛的成长氛围不由唤起育英父母的思考，而他的传奇学术生涯令导师伯乐和科教规划者神往；爱因斯坦的奇思异想和相对论的天方夜谭般预言，都是神童和学子梦寐以求的。祝愿此作帮助育英父母通过博雅教育促进孩子好奇成长；帮助少儿找到楷模和动力；帮助莘莘学子获得灵感和启发（inspiration）；为导师伯乐和科教规划者提供培养英才的典范、方法和哲理等。如此，也许您为未来英才偶然打开了通向科学结晶和灵感源泉的窗。

图 3 哥伦布的灵感：彼岸是什么？

觅永恒科普，融百家之长，行与时俱进。作者致力于创作不朽的趣味物理科普，不懈的成书努力，源于少儿时的好奇与梦想、求学时的迷惘、教学研究生涯的感悟、传播物理科普的使命感。书中素材和学术观点都精选于英美可靠作品，并努力保持书作与时俱进，包括了直至 2018 年 9 月的相关重大科学报道。珍视赐教，日臻完善，诚望反馈到电子邮件：

**jluuk@hotmail.com** 或 **czluhy@qq.com**

9/30/18

---

[4] Studies serve for delight, for ornament, and for ability--- Francis Bacon/培根

# 目录 Contents

前言 ................................................................................. iii

1. 牛顿倚靠的科学巨人 ................................................. 1
   1.1 柏拉图和亚里士多德---西方哲学圣贤 .................. 1
   1.2 哥白尼---日心说之父 ............................................. 5
   1.3 开普勒---天空立法者 ........................................... 10
   1.4 伽利略---现代科学之父 ....................................... 13
   1.5 笛卡儿---西方现代哲学的奠基人 ....................... 17
   1.6 胡克---伦敦的达芬奇 ........................................... 19
2. 牛顿---照亮自然及其法则的上帝使者 ...................... 20
   2.1 牛顿成长的社会和科学氛围 ............................... 21
       2.1.1 剧变中的英格兰 ......................................... 21
       2.1.2 基督教影响 ................................................. 22
       2.1.3 牛津和剑桥大学及英国皇家学会 ............. 25
   2.2 牛顿进剑桥大学前 ............................................... 28
   2.3 传奇的剑桥大学头 10 年 ..................................... 30
       2.3.1 广义二项式定理 ......................................... 33
       2.3.2 微积分 ......................................................... 34
       2.3.3 光与颜色理论 ............................................. 35
       2.3.4 万有引力定律 ............................................. 37
       2.3.5 反射望远镜 ................................................. 40
   2.4 行成于思 ............................................................... 41
   2.5 炼金术使牛顿相信超距作用 ............................... 44
   2.6 神学钻研使牛顿更正古代历史事件年份 ........... 45
   2.7 哈雷的不世之功 ................................................... 47
   2.8 《自然哲学数学原理》的横空出世 ................... 52
   2.9 牛顿第一定律的玄妙 ........................................... 56
       2.9.1 牛顿第一定律是否多余 ............................. 56

|       |        |                              |     |
| ----- | ------ | ---------------------------- | --- |
|       | 2.9.2  | 有绝对静止空间吗             | 58  |
| 2.10  |        | 受人类永恒敬仰的最伟大科学家 | 60  |
| 2.11  |        | 牛顿的成功之道               | 63  |
| 2.12  |        | 牛顿定律的前瞻               | 69  |
| 2.13  |        | 宇宙观思辨                   | 72  |
| 2.14  |        | 科学革命唤起启蒙运动         | 75  |

3. 爱因斯坦相对论的出神入化 ......... 79

|      |       |                            |     |
| ---- | ----- | -------------------------- | --- |
| 3.1  |       | 狭义相对论的佯谬           | 81  |
| 3.2  |       | 狭义相对论思想实验         | 85  |
|      | 3.2.1 | 光速相同                   | 86  |
|      | 3.2.2 | 时间相同                   | 86  |
|      | 3.2.3 | 时间膨胀                   | 87  |
|      | 3.2.4 | 长度收缩                   | 89  |
| 3.3  |       | 广义相对论的神来之思       | 91  |
| 3.4  |       | 广义相对论思想实验         | 94  |
|      | 3.4.1 | 等效原理                   | 94  |
|      | 3.4.2 | 光在引力场中的弯曲         | 96  |
|      | 3.4.3 | 黑洞像什么                 | 98  |
| 3.5  |       | 引力波预言的证实           | 101 |
| 3.6  |       | 反常识的相对论             | 104 |
| 3.7  |       | 质能方程适用光子吗         | 107 |
| 3.8  |       | 广义相对论与牛顿引力定律相容吗 | 108 |
| 3.9  |       | 时空是抽象的还是具体的     | 109 |
|      | 3.9.1 | 时空和光锥                 | 110 |
|      | 3.9.2 | 悬而未决的时空观           | 112 |
| 3.10 |       | 广义相对论是天衣无缝吗     | 113 |

4 层出不穷的宇宙奥秘 ......... 114

| 4.1 | 可观测的宇宙 | 114 |
| --- | --- | --- |
| 4.2 | 宇宙从哪里来 | 116 |
| 4.3 | 爱因斯坦错失大爆炸预言 | 119 |
| 4.4 | 驱动宇宙加速膨胀的暗能量 | 123 |
| 4.5 | 上帝造宇宙时有无选择 | 126 |
| 4.6 | 备份地球上的生命 | 129 |
| 4.7 | 宇宙的命运 | 132 |

## 5 当今的万物理论 ............ 134

| 5.1 | 万物理论在演进 | 134 |
| --- | --- | --- |
| 5.2 | 量子纠缠佯谬 | 140 |
| 5.3 | 四种超光速现象 | 143 |
| 5.4 | 解释宇宙太初和命运的弦理论 | 144 |
| 5.5 | 万物理论在哪里 | 146 |
| 5.6 | 灵感的源泉 | 148 |

索引 ............ 150

**附录** ............ 154

1. 伟大学者的生卒年表 ............ 154
2. 论文摘要：Jinwei LU，Implication of the Cosmological Constant for Newton's Law of Gravity ............ 155

# 1. 牛顿倚靠的科学巨人

牛顿成果是始于哥白尼的科学革命成果的逻辑积累。牛顿曰："柏拉图是我的朋友，亚里士多德是我的朋友，但我最好的朋友是真理[5]"和"如果我比别人看得更远，那是因为我站在巨人的肩上[6]"。还有比这更优美的赠学子的*至理名言*吗？

## 1.1 柏拉图和亚里士多德---西方哲学圣贤

柏拉图是古希腊哲学家，也是数学家，崇尚数学，创办了西方世界第一所高等院校---柏拉图学院，他是苏格拉底的学生，也是亚里士多德的老师，他们三人被广泛认为是西方哲学的奠基者，史称"古希腊三贤"；亚里士多德的物理科学一直影响到牛顿时代，尔后被牛顿力学取代。

图 4 拉斐尔的《雅典学院》（The School of Athens）[7]

在拉斐尔的*《雅典学院》*绘画中，不同时期的希腊哲学家、艺术家、科学家、军事家荟萃一堂，柏拉图和亚里士多德在透视点

---

[5] Plato is my friend, Aristotle is my friend, but my best friend is truth.
[6] If I have seen further it is by standing on the shoulders of giants.
[7] 拉斐尔窥看到米开朗基罗的《上帝造亚当》后，崇敬地将他加进了《雅典学院》，图中哪位是米开朗基罗？拉斐尔还自称他的天赋来自上帝。

上,毕达哥拉斯、苏格拉底、亚历山大大帝、欧几里得、阿基米德、托勒密等众星烘云托月。毕达哥拉斯发现勾股定理(又称毕达哥拉斯定理),首次提出大地是球体;苏格拉底是柏拉图的老师,是西方哲学的奠基者;亚历山大大帝30岁时建立了古代历史上最大的帝国;欧几里得是"几何之父",其《几何原本》[8]是欧洲数学的基础,是牛顿《自然哲学数学原理》[9]的写作范式;阿基米德发现了浮力定律来判断纯金王冠,留有名言"给我一个支点,我就能撬起整个地球"以示杠杆原理的强大功效;托勒密系统化地心学说为托勒密宇宙模型。有现代版的《雅典学院》画作吗?

　　*判断真假王冠的合理方案*。关于阿基米德(Archimedes)判断王冠是否是纯金,有这样的故事:阿基米德百思不解,有一天,他在洗澡时注意到,当他坐进浴盆里时水位上升了,这使他灵感迸发,"将王冠没于水中,上升了的水位正好等于王冠的体积,所以只要拿与王冠等重量的金子,放到水里,测出它的体积,看它的体积是否与王冠的体积相同,如果王冠体积更大,这就表示其中掺了密度较轻的银子"。你怀疑过这故事吗?伽利略怀疑过,其依据是:以阿基米德时代的测量技术,难以测出掺银的王冠与纯金块的体积差异;并提出如下图所示判断王冠是否是纯金的可行方案,该方案同时使用阿基米德的浮力原理和杠杆原理来判断王冠的密度是否小于相同质量的纯金块的密度,只要两者不同,杠杆就倾斜,如此方可作出判断。

图 5 伽利略判断真假王冠的方案:同时使用浮力原理和杠杆原理

---

[8] Euclid's Elements
[9] 当时的自然哲学即科学,包括物理、数学、天文等,科学还没有产生有用的结果,剑桥大学还没有科学学位,牛顿获得的学位是艺术学士和艺术硕士(the degree of Bachelor of Arts and the degree of Master of Arts)。

据记载，苏格拉底最后被雅典法庭以腐蚀雅典青年思想和不敬神之罪名判处死刑。尽管他曾获得逃离雅典的机会，但苏格拉底仍选择饮下毒汁、从容就义，因为他认为真正的哲学家视死如归并且逃亡会使他破坏雅典法律。在《苏格拉底之死》绘画中，你发现逃离途径了吗？

图 6《苏格拉底之死》（The Death of Socrates）

柏拉图的《对话录》最早描述亚特兰蒂斯（Atlantis）。有学者认为柏拉图虚构出亚特兰蒂斯的故事来提倡"理想国"，在那"理想国"苏格拉底不会被判处死刑；也有学者相信亚特兰蒂斯确实存在，就象德国考古学家施里曼（Heinrich Schliemann）相信《荷马史诗》一样，不过施里曼依据《荷马史诗》成功地找到了宝藏，而亚特兰蒂斯信者尚未幸运地找到其古址，也有声称：根据对亚特兰蒂斯地形描述，它就是希腊的一个岛[10]。约 **400** 年前培根深谋远虑地描绘了乌托邦《新亚特兰蒂斯》，今天你憧憬的理想地球家园是啥样？

*亚里士多德*是柏拉图的学生、亚历山大大帝的老师。亚氏著作包含伦理学、美学、逻辑、科学、政治和元物理（metaphysics[11]，又译为形而上学、玄学，是研究事物第一原理的哲学分支，如宇宙起源的研究），形成了人文哲学的第一大体系，他的物理科学深刻

---

[10] There is a claim that Atlantis is the Greek island of Thera (now known as Santorini).
[11] the branch of philosophy that deals with the first principles of things, including abstract concepts such as being, time, and space

地影响了世界，在中世纪它被奉为天主教会的教条。

当看到*月食*时，你会想到什么？公元前 340 年亚里士多德认为：月食是由于地球运行到太阳与月球之间而造成的；地球在月球上的影子总是圆的，这只有在地球本身为球形的前提下才成立；因此地球是一个圆球而不是一块平板[12]。

亚里士多德认为地球是不动的，太阳、月球、行星和恒星都以圆周为轨道围绕着它转动，这个思想在公元 2 世纪进一步发展成*托勒密宇宙模型*。托勒密模型具有一个极大的优点，即在固定恒星天球壳之外为天堂和地狱留下了很多想象，这与《圣经》相一致，因此基督教视该模型为金科玉律。托勒密的地心说是一个伟大的天文学杰作，经受了 1500 年的考验，但随着观测数据的积累和观测技术的进步，它日渐难以解释新生的天文现象。

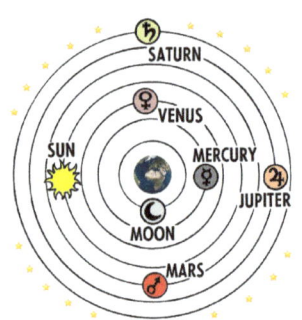

图 7 托勒密地心说模型[13]：地球在中央，向外依次是月球、水星、金星、太阳、火星、木星、土星和恒星天球壳

在 8 到 10 世纪，托勒密系统等希腊学说通过热衷的翻译传入阿拉伯世界，后者在 11 世纪崛起。尔后许多西欧学者对亚里士多德著作等希腊著作、和阿拉伯著作表现出强烈的兴趣，并开始了积极的翻译运动，从 13 世纪起，西欧大学产出了大量的自然哲学成果，它们迅速从意大利的博洛尼亚(Bologna)大学、巴黎大学、和牛津大学传播到欧洲其它地方。

---

[12] 很奇妙，先知以赛亚早在公元前 712 年就已在《圣经》中提到："上帝坐在地球大圈之上(God sits above the circle of the earth，Isaiah 40:22)"。
[13] Ptolemaic system

## 1.2 哥白尼---日心说之父

1543年波兰天文学家哥白尼临终前出版了《天体运行论》，创立了*日心说*。他大胆地反传统、反权威、反经院哲学，提出了地球自转和公转的概念，将宇宙中心从地球移到了太阳，改变了人类对宇宙的认识，动摇了宗教神学的理论基础，从而开启了科学革命。科学革命始于哥白尼的日心说，高潮于牛顿的万有引力定律和机械式宇宙观，造就了一大批科学泰斗包括开普勒、伽利略、和牛顿。

图 8 *太阳系*（八大行星依次是水星、金星、地球、火星、木星、土星、天王星和海王星，原来的第九大行星冥王星 Pluto 已降为矮行星. Credit:nasa

早在公元前 3 世纪，希腊天文学家*阿里斯塔克斯*就提出日心说，他通过测量太阳和月球与地球的距离，推测出太阳比地球大，进一步推测出地球绕着太阳转，毕竟大球太阳绕小球地球转不合理。但因为没有人被甩出地球，所以人们认为亚里士多德和托勒密的地心说是对的。阿里斯塔克斯的著作早已失传，但他的学说在与亚里士多德学说论战中活了下来。

哥白尼关于历法改革的研究导致他的日心说。罗马天主教为了与其它教派争胜，启动了*历法改革研究*（当时的儒略历 Julian calendar 有 10 天之误差），哥白尼是研究者之一，他在《天体运行论》引言中说：历法改革的需要是他决定研究年长度（**the length** of the year）的度量的理由之一，那研究使他发展了他的日心说模型。现行公历（格列高利历 Gregorian calendar）由教皇格列高利十三世于 1582 年在意大利等国颁行，取代儒略历，英国与中国分别于 1752 年和 1912 年采用之。

哥白尼不满意托勒密的地心说模型中的行星逆行轨迹和不均匀速率，认同行星应该以均匀速率作圆周运动（那时人们认为惯性运动在天空呈匀速圆周运动，在地上呈匀速直线运动，那样才是完美的），究其原因：那时的天文学家用肉眼工作，哥白尼死后 20 年诞生的伽利略是第一个用望远镜观察天空。在大学期间，哥白尼听说阿里斯塔克斯的日心说，哥白尼曾仔细阅读阿里斯塔克斯相关学说的作品以旁征博引。

*日心说前程漫漫*。遗憾的是：哥白尼坚信天体运动是圆周的和均匀的论断，结果他的日心说所得的数据不能与观测相吻合，因此即使《天体运行论》出版半个多世纪，日心说依然默默无闻，支持者更是寥若晨星。直至开普勒以椭圆轨道取代圆形轨道、以非均匀速度取代均匀速度修正了日心说；并且 1609 年伽利略制作了天文望远镜，当他观测木星时，发现木星有几个小卫星绕着它转动，这表明：不象亚里士多德和托勒密所设想的，并不是所有的东西都必须直接围绕着地球转；后来又观测到日心说能解释而地心说不能解释的金星盈亏天文现象。此后日心说才开始引起人们的关注。牛顿引力定律对太阳系运动的解释消除了对日心说的最后疑虑。随着观测的积累，天文学家意识到太阳不是宇宙的中心，到 1920 年哈勃表明：太阳系（Solar System）是银河星系（Milky Way Galaxy）的一部分，而银河星系是数十亿星系中的一个。

*科学一小步，文明一巨步*。哥白尼的日心说较易解释行星轨迹，但依然要借用托勒密地心说的许多假设，很难说日心说简化了地心说。但是他的大胆论断冲击了古代权威和经院哲学，开拓了广阔的研究领域，激励了支持者一往无前的探索，当然也招致了无情的嘲弄[14]。尽管如此，日心说要取代地心说，有赖于一系列必要的

---

[14] "this fool wants to overturn the whole science of astronomy".

重大发展，包括第谷的长期和系统的天文观测，开普勒的关于行星轨道和运动的改良，还有伽利略、笛卡儿、惠更斯、牛顿等的关于地面物体的运动描述和天上地面运动定律的统一。哥白尼是个数学天文学家，而不是一个观测天文学家，他难得观测天文，主要通过前人的观测结果，进行哲学思考与数学计算，逐渐形成了自己的天文学体系。

图 9 哥白尼墓碑：塑有哥白尼日心说模型，CC BY-SA 3.0 de

　　上图是树立于 2010 年的哥白尼黑色花岗岩墓碑，塑有哥白尼太阳系模型，六个行星环绕着金色的太阳。哥白尼临终前，《天体运行论》（可能由于害怕教会对异端的迫害，或者害怕遭到同行的嘲笑，哥白尼起初将他的日心说匿名地流传）初版送到他床前，他从昏迷中甦醒，抚摸着书页，告别了他流芳百世之作！考古学家们经过两个多世纪的前赴后继，终于在 2008 年确认了*哥白尼遗骸*。将从颅骨提取出的信息，如面部特征、DNA 和年龄，与哥白尼的自画像、藏书中头发的 DNA 和寿龄比较，得以确认。

*什么催生科学革命的呢？*有三个主要因素，数学的再崇尚是三因素之一。《雅典学院》绘画中，柏拉图与亚里士多德并驾齐驱，柏拉图右手手指向上，表示一切均源于神灵的启示，意味着数学的重要；而亚里士多德伸出右手，手掌向下，好象在说：现实世界才是他的研究课题。自古巴比伦以来数学一直是天文学和宇宙学的驱动力量[15]。数学是推理机，牛顿基于计算推理出行星轨道是椭圆；爱因斯坦场方程推理出大爆炸、黑洞、引力波等学说；人工智能围棋程序（AlphaGo）已所向披靡，雄踞世界围棋第一宝座；Google 人工智能从 NASA 数据库中发现距离地球 2545 光年的行星[16]。

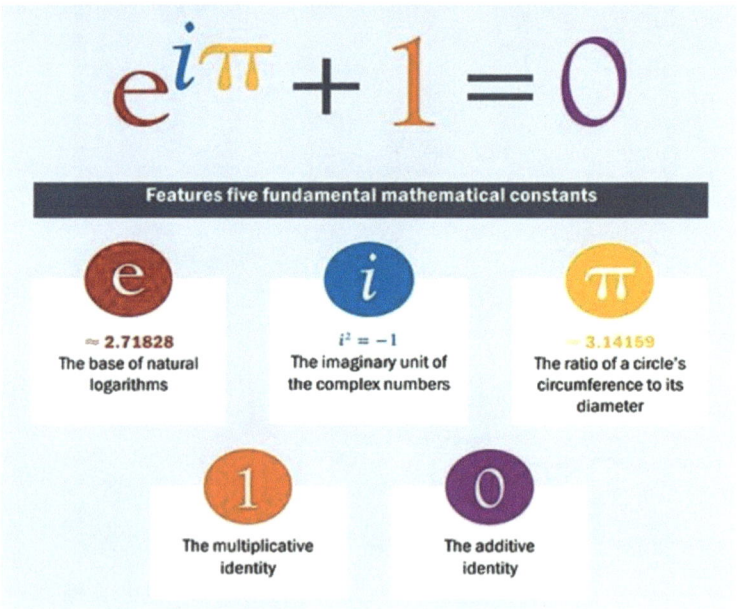

图 10 *为什么欧拉恒等式是最美的方程之一?*

---

[15] Mathematics has been the driving force in astronomy and cosmology since the ancient Babylonians.
[16] Artificial Intelligence, NASA Data Used to Discover Eighth Planet Circling Distant Star, Dec 2017

第二个因素是新技术和新科学的相辅相成。新技术不仅刺激科学研究和实验还催生新科学，而科学研究又帮助改良和发明技术。当时最有意义的技术是活字印刷，使得读书普及和新思维快速传播有了可能；另一同样重要的是航海业的发展，它促进了知识广泛交流，而哥伦布的美洲发现更激起了整个欧洲对地理、航海、天文和海外探险的强烈兴趣，并且美洲的发现表明托勒密的世界地图不正确，促进人们理性看待经院权威的说教。

第三个因素是黑死病造成的欧洲人口急剧下降。人口下降鼓励新技术的发展以应对劳力短缺；同时瘟疫的无情肆虐导致质疑和改革宗教，日历改革是其中之一，哥白尼作为神父是日历改革的研究者之一。

NASA 计划在 2030 年代将人类送往火星，这又是一个综合科学、探索和技术的宏伟目标。

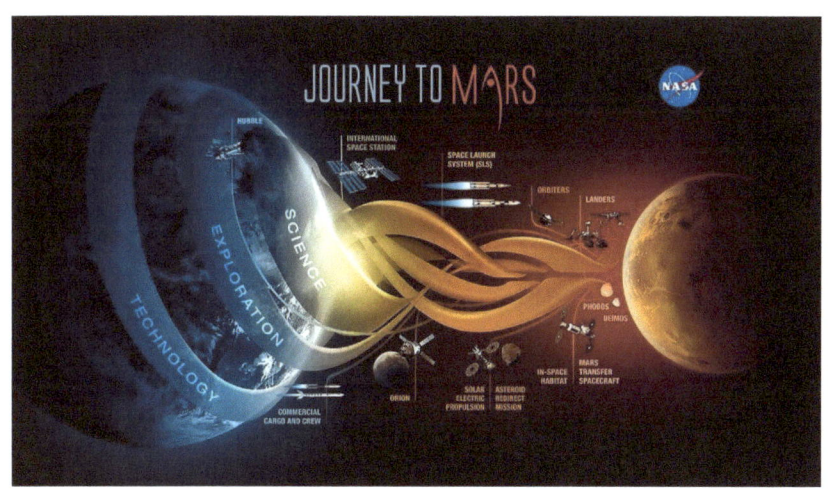

图 11 美国宇航局的火星之旅[17]. Credit: NASA

---

[17] NASA's Journey to Mars

## 1.3 开普勒---天空立法者

开普勒是继哥白尼后的科学革命的"天空立法者"。他最为人知的成就为开普勒行星三大定律，他的椭圆行星轨道的发现，改变了人们的宇宙形态观念，他的行星第三定律，佐证了牛顿万有引力定律。

1596年，大学毕业后五年，26岁，开普勒出版了《宇宙的神秘》以捍卫哥白尼的日心说。该书逻辑地解释了为什么太阳位于太阳系的中心，开普勒指出：水星和金星似乎总是接近太阳，这是因为水星和金星的轨道比地球更接近太阳，如果太阳和所有行星绕地球转，就不能解释这现象。

该书还匠心独运一个柏拉图立体模型来解释行星轨道。柏拉图立体，即正多面体，指各面都是全等的正多边形且每一个顶点所联接的面数都是一样多的凸多面体。你想过有多少个柏拉图正多面体吗[18]？开普勒发现五个柏拉图多面体中的每一个都可被球壳进行内切和外切，每一个多面体装在一个球壳里，这个球壳又装在另一个多面体内，如此五个多面体与六个球壳相互内切和外切，这六个球壳分别对应当时已知的六个行星——水星、金星、地球、火星、木星和土星，中央为太阳，从而构成他独具匠心的*柏拉图立体太阳系模型*。该模型决定了6个已知行星离太阳的距离，显示了几何与宇宙如此和谐，以致他自认为他揭示了上帝对宇宙的几何规划、看到了上帝操纵宇宙的手。该模型似乎极为优美和成功，然而开普勒不止于此，他想通过精确观测来证实他的模型。结果，他始于虚幻的柏拉图立体太阳系模型，终于伟大的行星三大定律。

图 12 五个*柏拉图立体*---开普勒坚信这些形状决定了6个已知行星离太阳的距离

---

[18]柏拉图正多面体总共只有五个。

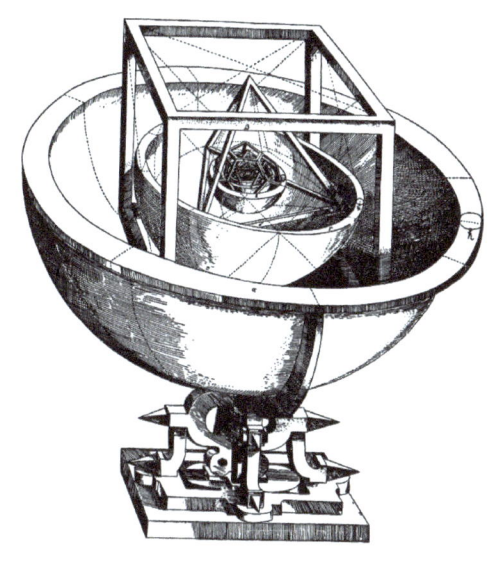

图 13 开普勒的柏拉图立体太阳系模型

1598年他受邀从德国来到布拉格,与第谷·布拉赫(Tycho Brahe)珠联璧合从事天文研究。第谷有着极好的价值连城的天文仪器,并且有着海量待发掘的天文数据宝库等待着开普勒这样的大师构建成真理的大厦,而开普勒正需要这两者证实、完善他的柏拉图立体太阳系模型,两人心照不宣。第谷让开普勒着重研究最困难的火星轨道,后者承诺八天内解决,然而耗费了八年才很不情愿地、基于观测数据得出意想不到的结论:火星轨道是椭圆[19]。这结论大大简化了哥白尼日心说本轮模型,挑战了亚里士多德派的行星轨道是圆的信念,从而改变了人们的宇宙形态观念。

少年的第谷吃惊地发现许多权威的星历表瑕瑜互见、莫衷一是,以致他决心从事一项长期的、从一个地点来测量整个天球的事业。第谷曾兴奋地观察到一颗新星,现在称为第谷超新星,因为这一发现与当时的亚里士多德学派世界观(该世界观中的基础公理之一:天体不变)不相容。第谷的精神是无畏的,在临死前整个晚上

---

[19] 对开普勒来说而言,椭圆轨道是一个极其讨厌的假设,因为椭圆明显地不如圆完美,而且它与他的行星绕太阳运动是由于磁力引起的思想不相容。

反复念叨"别让我看起来白活了"！第谷相当成功地赢得了皇家贵族们的财政支持，得以自制许多精密仪器和雇佣许多助手。

第谷逝世后，开普勒从容不迫地进入第谷的天文观测数据库，归功于第谷的高精度天文观测数据库和开普勒的非凡计算能力，他先后发现了*行星三大定律*，并出版了《鲁道夫星行表》。开普勒的三条行星运动定律改变了整个天文学，摧毁了托勒密复杂的宇宙体系，完善并简化了哥白尼的日心说。那三条定律分别说：太阳位于椭圆轨道的一个焦点；在同样时间间隔内，行星绕着太阳公转所扫过的面积相等；行星绕着太阳公转的周期平方与它们的椭圆轨道的半长轴立方成正比，用公式表示为

$$\frac{a^3}{\tau^2} = K$$

这里，$a$是行星公转轨道半长轴，$\tau$是行星公转周期，$K$是常数。

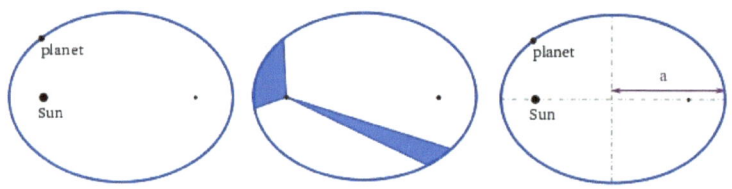

图 14 开普勒三定律图示

开普勒的杰出贡献并未在他生前赢得相应声誉，然而奠基了牛顿万有引力定律。由开普勒第三定律可导出：行星与太阳之间的引力与半径的平方成反比，它是牛顿万有引力定律的一个不可或缺的重要佐证，使牛顿对该定律深信不疑而如释重负。

*开普勒与第谷相得益彰*。可以说第谷的天文观测对科学革命来说是个重要的贡献，没有他的天文观测数据，开普勒是难以获得行星作非均匀椭圆运动等结论的。

## 1.4 伽利略---现代科学之父

伽利略是科学革命中的一位重要人物，其成就包括改进望远镜及其所带来的天文观测的跃进，而天文观测结果支持了哥白尼的日心说，并开启了现代观测天文学新纪元。他又实验表明：受重力作用的物体并不是呈匀速运动，而是呈匀加速度运动；物体只要不受到外力的作用，就会保持其静止状态或匀速运动状态。这为牛顿第一和第二运动定律提供了启发。

图 15 *伽利略*："我不觉得有责任去相信：赋予我们感官、理性和智慧的上帝意欲让我们弃之不用[20]"。

伽利略无视权威，是个叛逆的学生、讨厌的同事，未获得学位就离开了大学。他的一个思想实验（thought experiment）使得亚里士多德"*越重的物体下落越快*[21]"的所谓常识不攻自破，他想：一重一轻两个球，用绳子连接起来，一起下落；一方面，轻球下落速度慢，重球下落速度快，在绳子的牵制下整体速度将会介于两者速度之间；另一方面，将两个球作为一个整体考察，其重量大于任一单球，因此下落速度比任意一个球单独下落速度都要快；于是"越重的物体下落越快"自相矛盾。有传说称伽利略在比萨斜塔上亲自做过对应的物理实验，不过合理的传说是：他将不同重量的球从光滑的斜面上滚下，这样因为速度小而容易观察速度的变化，由此得出自由下落的球作匀加速运动的结论。

---

[20] I do not feel obliged to believe that the same God who has endowed us with sense, reason, and intellect has intended us to forgo their use.

[21] Stand up now and simultaneously drop a coin and a bit of paper side by side. The paper takes much longer to hit the ground. That's why Aristotle wrote that heavier objects fell faster. Europeans believed him for two thousand years.

基于光学原理，伽利略大大地改进了望远镜。当他将望远镜指向天空时，发现了一些列惊人的支持日心说的天文现象。例如，他发现了绕木星运转的四个卫星，木星与其卫星体系的发现直接说明了亚里士多德的所有天体都围绕着地球运转的宇宙观是错的，说明了地球不是天体的唯一中心，这冲击了宗教神学；通过观测发现金星所呈现的所有相位与月球十分相似，这金星盈亏现象可由日心说解释而不能由地心说解释。关于那*木星与其卫星体系的发现*，许多天文学家和哲学家最初都拒绝相信[22]，伽利略的无畏性格使他坚信该发现，后来访问罗马时为此受到英雄般的欢迎。

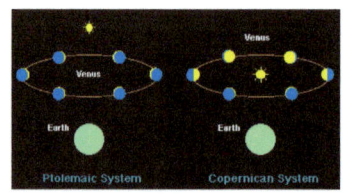

图 16 *金星盈亏现象*：金星(Venus)在托勒密（左）和哥白尼（右）两系统中所呈现的相位

上述发现说明亚里士多德和托勒密的地心说是错的，但并不能证明哥白尼的日心说是对的。比如第谷的地日混合模型就能解释金星盈亏现象，该模型以地球作为静止的中心，太阳围绕地球作圆周运动，而除地球之外的其它行星围绕太阳作圆周运动，如此太阳、地球和金星之间的相对位置与日心说中的相同，因而也能解释金星盈亏现象。在下图中，蓝色轨道上的物体（月球和太阳）围绕地球旋转；橙色轨道上的物体（水星，金星，火星，木星和土星）围绕太阳旋转。

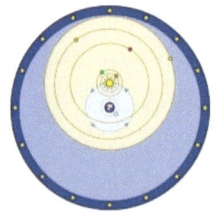

图 17 *第谷的地日混合模型也能解释金星盈亏现象*

---

[22] many astronomers and philosophers initially refused to believe that Galileo could have discovered such a thing.

伽利略认为，由于地球自转并围绕太阳公转，导致地球表面运动的加速和减速，进一步引发海水潮汐式前后涌动。他不认同开普勒的月球导致潮汐运动的观点，而是提出潮汐假说来证明地球运动，然而这假说似是而非。尽管这样，他发现的天文现象重新点燃了日心说辩论。他发表了《关于托勒密和哥白尼两大世界体系的对话》以倡导哥白尼日心说，牛顿曾研读过此作。不过和哥白尼、亚里士多德一样，伽利略相信天体轨道是圆周而不是椭圆。非常遗憾的是：在他与开普勒的学术交流中，因不喜后者的神学思维（如《宇宙的神秘》所反映）而未采用后者的椭圆天体轨道学说。

伽利略*修剪团队*，或美其名曰博采众长。伽利略的成就包含他许多学生的贡献，他通过无情地修剪他团队的科学树枝，将来自根系的营养集中在他自己的花蕾上，然而学生人微言轻而不乏其例。但是他在与开普勒的学术交流中，未能识别攫取后者的学术精华。他崇尚数学，曾言"数学是上帝用来撰写自然这本书的字母"[23]，这些字母包括三角形和圆，无论是行星或钟摆或琴弦力学，都可以用数学来解释和理解。

1581 年伽利略 17 岁时注意到了教堂的具有相同长度 $L$ 但不同摆幅的若干吊灯具有相同的摆动周期 $T = 2\pi\sqrt{\dfrac{L}{g}}$（摆动周期还与吊灯质量无关），从而发明了摆钟的原理。

图 18 比萨大教堂的伽利略*吊灯*

---

[23] "Mathematics is the alphabet with which God has written the Universe."

270 年后的 1851 年傅科在巴黎先贤祠的拱顶下以 67 米长的钢索悬挂一 28 公斤的铅锤，基于陀螺仪原理，该铅锤摆第一次以非常简单的实验证明了地球在自转。若伽利略在天有灵，他也许会自问，"噫！我怎么没想到呢"？

图 19 在巴黎先贤祠的*傅科摆*[24]：基于陀螺仪原理，证明了地球在自转

同样基于陀螺仪原理，2004 年引力探测器 B（Gravity Probe B）用来测量地球周围的时空曲率，从而对爱因斯坦的广义相对论的正确性和精确性进行了检验。

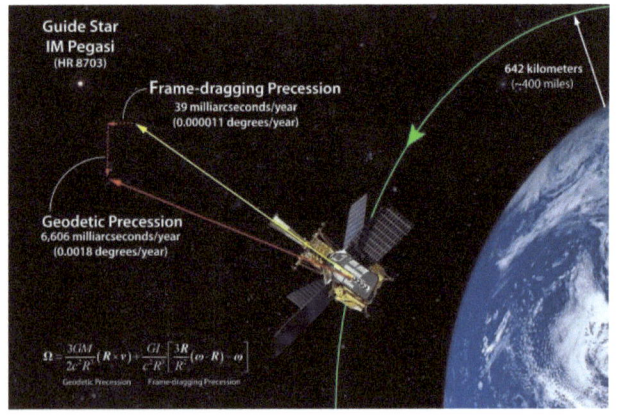

图 20 基于陀螺仪原理的*地球周围时空曲率的测量*

---

[24] 荐有动画的网站 For an animation of a Foucault pendulum, please see https://en.wikipedia.org/wiki/Foucault_pendulum

## 1.5 笛卡儿---西方现代哲学的奠基人

我们都熟知笛卡儿坐标系，笛卡尔的学术还对年轻的牛顿有着极重要的影响，有人说这是笛卡尔的最重要的贡献之一。笛卡儿是数学家、物理学家，更是西方现代哲学的奠基人。他创立的解析几何是牛顿发展微积分的坚实基础（在后来牛顿与胡克争学术成果时，牛顿认为胡克没有足够的那些成果所需要的解析几何知识）。笛卡儿认为自然这本书是用数学语言写的，他的《哲学原理》置整个自然科学于数学基础上；笛卡儿的物理学就像关于物体碰撞的机械力学，他提出的一个物体在没有外力作用下将作匀速直线运动的观点，有助于牛顿第一运动定律的产生；笛卡儿的《哲学原理》实际上是自然哲学原理，旨在取代法国和英国大学的亚里士多德课程，此作对牛顿的影响远远超过亚里士多德哲学，牛顿的《自然哲学数学原理》的书名应该是与笛卡儿的《哲学原理》有联系的。

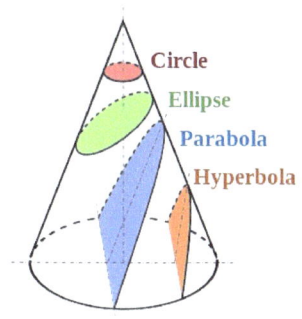

图 21 笛卡尔解析几何能用方程表示*圆锥曲线*（圆、椭圆、抛物线、双曲线等）

自亚里士多德以来，笛卡儿构造了一个全新的哲学大厦，提出*漩涡说*（vortex）和倡导机械论等宇宙观。他想象：上帝（God）创造、推动了巨型板块式宇宙的初态，然后这些板块相互刮擦产生碎片，而宇宙充满以太[25]（ether），以太形成海量漩涡，漩涡带动那些刮擦产生的碎片进而形成宇宙运动；他的*机械哲学*认为：整个宇宙是像钟一样的一架巨型机器，是由物质和运动构成的，所有运动都由一个物体对另一个物体的碰撞产生，碰撞动量是守恒的，因

---

[25]以太由亚里士多德提出。

此如果掌握了运动和碰撞定律就能解释和预测自然界中发生的一切,包括行星运动及其轨迹,它不认可一个物体不需要机械接触就可移动远处另一个物体的*超距作用*[26]。若将漩涡说和机械论浑然一体,似乎颇能如愿以偿地解释和预测自然界中发生的一切。这种看待世界的新方式被称为机械哲学[27]。然而牛顿依据对彗星的观测而逻辑地发现漩涡说不合理,你能逻辑地反驳漩涡说吗?

笛卡尔的漩涡说基于以太假设,将以太作为介质来实现碰撞功效,以此解释诸如光和引力现象,不愧是令人赞叹的海市蜃楼。

笛卡尔认为:所有真理都相互联系,以致若找到一个基本真理,并继续进行逻辑演绎,则将导出所有科学;那个基本真理就是他著名的"*我思故我在*"[28]。"我思故我在"寓意深邃,简言之,我可以怀疑许多事情但不能怀疑我自己心灵的存在,进而我自身的存在;其字面含义可表述如下,

(大前提)若我思考,则我存在。
(小前提)我正在思考。
(结论)所以,我正在存在。

---

[26] action at a distance is the concept that an object can be moved, changed, or otherwise affected without being physically touched (as in mechanical contact) by another object.
[27] This new way of looking at the world came to be known as mechanical philosophy.
[28] "I think, therefore I am"

## 1.6 胡克---伦敦的达芬奇

"如果我比别人看得更远，那是因为我站在巨人的肩上"，此名言来自牛顿写给胡克的和解信。胡克的贡献使他无愧是牛顿所倚的巨人之一。他发展了显微镜从而能观察到当时看不见的微生物组织如脑组织；出版了享誉西欧的杰作《显微图集》（Micrographi），那是英国皇家学会第一份主要出版物，其中他绘制的许多显微图之精致至今叹为观止，它对牛顿光学研究很有启发；在胡克的帮助下，波义耳发展了真空泵、示范了空气是鸽子生命所必需的、提出了波义耳定律；胡克还发明了钟表的关键部件（就这一装置的优先权问题曾和荷兰物理学家惠更斯产生了长期的纠纷），和材料力学中的胡克定律；是英国皇家学会第一任实验主任，在任上41年间，每周演示3或4个实验，他的几乎所有后续出版物都是基于这些实验；通过研究光的折射现象提出了光的波动说；提出太阳引力使行星保持在各自轨道上，这与当时正统的笛卡儿漩涡说相左，很遗憾因与雷恩一起参与伦敦大火后的重建工作而中断此引力研究8年，他的引力研究成果刺激了牛顿重返科学殿堂；任英国皇家学会第二任秘书，对该学会发展成世界上极受尊敬的科学学会有不可磨灭的贡献；等等。

图 22 胡克的显微镜和《显微图集》，CC BY-SA 3.0

然而胡克觉得他的科学成果没有得到应有的认可，为此他与牛顿和惠更斯有过长期的争执。虽说胡克值得同情，但他经常不能把概念发展成理论，或者没有及时发表。*胡克湮没无闻原因有三方面*：受委任的工作太多以致无暇深入完善自己的研究成果；对自己研究成果的深远意义判断不当以致没有及时发表；没有足够的数学能力（他主要靠自学成才）来把概念发展成物理定律。而牛顿有了卢卡斯教授职位的保障得以聚焦精力、发挥数学天赋，并且牛顿志在探索上帝的思维。胡克瞥到了真理，而牛顿演示解释了真理。

## 2. 牛顿---照亮自然及其法则的上帝使者

英格兰当时一位伟大的诗人蒲柏为牛顿写了著名的墓志铭：

*"自然和自然的法则隐藏在黑夜中；*
*上帝说：让牛顿出世吧！于是一切豁然开朗"！*

图 23 剑桥大学三一学院牛顿雕像，CC BY-SA 4.0

牛顿改变了人们理解宇宙万物的运动方式。他发现了支配宏观世界的万有引力定律和三大运动定律（分别为惯性、加速度和反作用力定律）[29]，并发明了微积分；牛顿的数学天赋将前人的科学半成品变成经得起实验和观测检验的宇宙定律，从而解释了哥白尼、开普勒、伽利略等巨人只能描述的问题；他帮助塑造了人们的理性世界观。牛顿丰功伟绩，光照千秋！

---

[29] The macro world is governed by Newton's laws of motion and gravity.

## 2.1 牛顿成长的社会和科学氛围

### 2.1.1 剧变中的英格兰

1642年牛顿生于英格兰，其时其地科学和理性思考开始开花。一年前现代科学之父伽利略去世，他的科学影响震荡着欧洲大地。时值英格兰国王与国会之间的国内战争，在君权神授的年代，共和制的胜利似乎表明没有什么是不可能的，好似海阔凭鱼跃、天高任鸟飞。

1649年牛顿7岁，国王查理一世被处死，是唯一一位被处死的英国国王。查理一世任英格兰、苏格兰及爱尔兰三联合王国国王，为了王家特权，他与国会之间爆发了战争。在第一次英国内战中他被击败，国会希望他能够接受君主立宪制；然而他背约又挑起了第二次英国内战，再一次被击败，随后他被捕、审判、以叛国罪被处死。英格兰由君主体制变成了共和国，当时的英格兰国会及其军事领袖克伦威尔担任了护国公。在君权神授的年代，处死国王和建立共和国无疑是天方夜谭。1660年牛顿18岁，王朝复辟，查理一世的儿子查理二世继承王位，即位之初他与强势的国会妥协，谨慎地行使其有限王权。

图 24 在威斯敏斯特宫外的*克伦威尔雕像*[30]

伏尔泰1734年的《哲学通信》将英格兰描绘成自由、宽容、和理智，而法国是封建、专制、和迷信。于此克伦威尔功不可没。

---

[30] Statue of Oliver Cromwell outside the Palace of Westminster, CC BY-SA 3.0

## 2.1.2 基督教影响

人类最伟大的天才科学家牛顿怎么会去钻研所谓劳而无功的神学？这恐怕是中国莘莘学子的常见疑问。

哲学的一个根本问题是人从哪里来的，这也许是人类史上哲学家和科学家不断思索和探讨的最挥之不去的问题。对此有两种观点：神创论和进化论，两派相互争胜，导致科学加速发展。

基督教相信，有一位全能的、自有永有的、无处不在的上帝，创造了天地万物。基督教是神创论的代表，是当今世界第一大宗教，尤其在欧美，其词汇常有着不言而喻的含义，如爱因斯坦的"上帝是不掷骰子的"[31]和霍金的"…那将是人类理性的终极成就，因为到那时我们就能洞晓上帝的思想"[32]。在牛顿时代，不受基督教影响的西方科学家是凤毛麟角的，乃至在霍金《时间简史》[33]著作中象征全能的上帝（**God**）的单词频频出现。且很多科学史学家认同基督教对于现代科学的诞生和发展起着至关重要的作用，其博爱精神有益精诚合作，"没有宗教的科学是跛子，没有科学的宗教是瞎子"[34]。

图 25 米开朗基罗 的 《上帝造亚当》（The Creation of Adam）

---

[31] God does not play dice.
[32] …it would be the ultimate triumph of human reason—for then we would know the mind of God.
[33] A Brief History of Time: from the Big Bang to Black Holes
[34] "Science without religion is lame; religion without science is blind".---Einstein

基督教《圣经》首卷《创世记》道，上帝按自己的形像造亚当（Adam）。诺亚与方舟的故事也在这一卷，这故事也是电影《彗星撞地球》的创作灵感之源，还有人在考证舟八口的船字是否也来源于此（诺亚和他妻子，三个儿子和三个儿媳妇，一共八口进了方舟）。

图 26《诺亚方舟》（Noah's Ark）

《创世记》还包括巴比伦塔或通天塔的故事。诺亚的后代欲建通天巨塔以扬名，上帝耶和华让人类说不同的语言，使人类相互之间不能沟通，因此巴比伦塔有始无终。

图 27《巴比伦塔》（The Tower of Babel）

令人神往的是科学家正在探索未来通天塔[35]，期望有一天借此

---

[35] Japan Is About to Start Testing The Feasibility of a Space Elevator, Sept 2018

来往于太空站或月球。

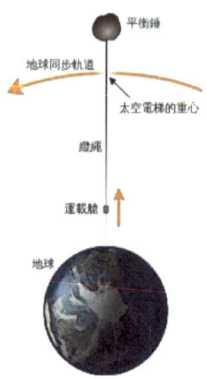

图 28 未来通天塔（Space elevator，CC BY-SA 3.0）

达芬奇与米开朗基罗和拉斐尔并称文艺复兴三杰，他的《最后的晚餐》是被复制最多的宗教绘画，只有米开朗基罗的《上帝造亚当》能与之媲美。从这名画中，《达芬奇密码》明察秋毫到了惊世骇俗的发现！那发现在哪里？

图 29 达芬奇的《最后的晚餐》（The Last Supper）

美国私人捐资 5 亿多美元在首都华盛顿建造了圣经博物馆，馆长说："圣经对人类文明，尤其是西方文明有很大的影响，比人类历史上任何一本书的影响都大。"

## 2.1.3 牛津和剑桥大学及英国皇家学会

牛津大学是英语世界中最古老的大学，没有清楚的创立日期，但有记录的授课可追溯到 1096 年。牛津大学学生与镇民的长期冲突在 1209 年达到高潮，镇民指控两位学生谋杀了一位妇女，尽管学生否认，镇民依然绞死了学生，这导致了一些牛津的学者迁离至剑桥镇，并成立了剑桥大学，因而两所古老的大学在办学模式等各方面都非常相似，其中独特的书院联邦制如今依然存在于牛津和剑桥大学。剑桥大学由 31 所书院（College）组成，现有 150 个院系部门，归入 6 个学术学院（School）。书院为学生提供住宿膳食及某些本科辅导课程，书院的学生录取标准、学费、住宿费可以不一样，例如数学家、逻辑学家、计算机科学之父图灵（Alan Turing）1931 年未能如愿进入三一书院而是进了国王书院，再者有的书院只收女生。6 个学术学院统一为 31 所书院提供教学研究及其场所。

图 30 牛津、剑桥、伦敦和牛顿出生地林肯

*图灵测试*（Turing test）。如何判定机器是否具有智能？图灵提出了一种测试方法：如果你询问两个你不能看见的对象任意一串问题，一个对象是正常思维的人、一个是机器，经过若干询问以后，你不能分辨人与机器，则此机器具有智能。今天的人工智能围棋程序（AlphaGo）已荣登世界围棋第一宝座，人工智能的前途不可估量。

*英国皇家学会*成立于 1660 年，是最古老而又享有盛名的现存的科学学会，其座右铭为"勿信传言[36]"，矢志表明不认可权威只认可实验事实的决心。它始于 1645 年的医师和自然哲学家小团体，欲通过理性、逻辑和实验了解自然世界，受培根（Bacon）的乌托邦小说《新亚特兰蒂斯》中新科学影响，他们聚会在牛津或伦敦，交流科学实验与发现，探讨乌托邦社会及其研究型大学。

胡克、雷恩、波义耳等是皇家学会创始人。波义耳在化学和物理学研究上都有杰出贡献，如波义耳定律；雷恩---伦敦的重建者，是天文学家、建筑师，对绘画有很高的天份，雷恩的父亲是国王的牧师，因而他成为国王的儿子查理二世的伴童，1666 年*伦敦大火烧*毁了大面积的城市，雷恩从那大火中看到了重建伦敦的机遇，并如愿以偿，他受委任、以胡克为助手，建造了格林威治天文台和五十多个新教堂，包括圣保罗大教堂，其巨大的穹顶仅次于罗马圣彼得大教堂。

图 31 圣保罗大教堂（St Paul's Cathedral，CC BY-SA 3.0）

---

[36] The Royal Society's motto 'Nullius in verba' roughly translates as 'take nobody's word for it'. It is an expression of the determination of Fellows to withstand the domination of authority and to verify all statements by an appeal to facts determined by experiment.

圣保罗大教堂奇迹般地活过第二次世界大战，也许因为它是英国人的信仰和士气的支柱，丘吉尔曾下令不惜一切代价保护圣保罗大教堂。

培根，这位"科学之光"和"法律之舌"，在其乌托邦小说*《新亚特兰蒂斯》*中设想了乌托邦新世界居民秉持"慷慨和文明，尊严和辉煌，虔诚和公共精神"[37]，规划了具有应用科学和纯科学的现代研究院，他的"知识就是力量[38]"是学子不竭的动力源泉。

图 32 培根对皇家学会的奠基影响：左是皇家学会奠基会长，中是奠基国王，右是培根， CC BY-SA 3.0

无疑培根的乌托邦新世界也影响了美国精神和弗吉尼亚大学的形成。培根曾起草美国弗吉尼亚殖民地政府宪章；《美国独立宣言》起草人、美国第三任总统、弗吉尼亚大学之父，杰斐逊称赞："培根、洛克、和牛顿，是有史以来三个最伟大的人"[39]。

---

[37] "generosity and enlightenment, dignity and splendour, piety and public spirit"
[38] Knowledge is power.
[39] John Locke, Francis Bacon, and Isaac Newton, whom he considered the three greatest men who ever lived.

## 2.2 牛顿进剑桥大学前

牛顿生于 1642 年的圣诞节（那年伽利略去世），位于英国林肯郡，离剑桥约 50 公里，早产儿，弱得担心活不到第二天。他是个目不识丁的自耕农的遗腹子。牛顿的婴儿期很孱弱。3 岁时，其母再嫁于一位牧师，牛顿留给外祖母抚养。母系一族颇为书香门第，外祖母时常向牛顿读书报，有舅舅任牧师。牛顿 10 岁时，其母又寡，带着 3 个孩子和一车书籍再还家乡，牛顿见书眼开，声称要做一书架。如果牛顿父亲活着，牛顿也许失去潜移默化的文化熏陶。

牛顿 12 岁时被送到 30 里之外的国王中学，寄宿在一位药剂师家。主课有拉丁语，但没有科学和数学。当时拉丁语是欧洲学术交流语言且所有重要的学术著作都是拉丁文，牛顿的拉丁语的读写能力和英语一样流利，使他能够日后吸吮欧洲大陆的拉丁文著作，撰写拉丁文作品回馈欧洲大陆，他的《数学原理》原版是拉丁文。如果牛顿无拉丁语能力，他也许孤陋寡闻。由于日不落帝国昔日的辉煌，英语如今独领风骚。

在中学，牛顿智力超群，精力过剩，热衷于奇思异想的发明，表现出超常的机械制作的天赋。他有足够的机械制作工具及材料、和合适的场所（英国居民常有工具房进行各种家庭维修[40]）。牛顿有一本书《自然与艺术之谜》展示了如何做物理和化学实验、手工艺品、绘画，那书时常启迪、激励他、影响了他的一生，牛顿童年的许多小发明就来源此书。他还有一笔记本，仔细地分类组织各种信息，其中一条是如何制作日晷，在他住所有很多日晷刻度线标记。牛顿灵巧的制作技能使他能够日后自制反射望远镜。

牛顿 17 岁时，其母把他从学校拉回家管理农场，然而他寻找、创造各种机会看书阅读。在集市日子（国王中学所在地是个大集市镇），他会雇人跑腿自己趁机溜到药剂师家看书（药剂师有位兄弟

---

[40] DIY（do-it-yourself）已成英文单词，意谓自我制作。

在剑桥大学任教,因此有许多藏书)。书是他的思想美餐,农场的牛马猪羊因牛顿心不在焉而欣喜若狂、肆意践踏邻居的庄稼篱笆。幸好牛顿的舅舅和中学校长终于成功地劝说牛顿的母亲放牛顿回中学预备上大学,牛顿终于拨云见日。牛顿的命运在大学不在农场,若他遵从母命管理农场而安居乐业,则后果是何等的天壤之别!

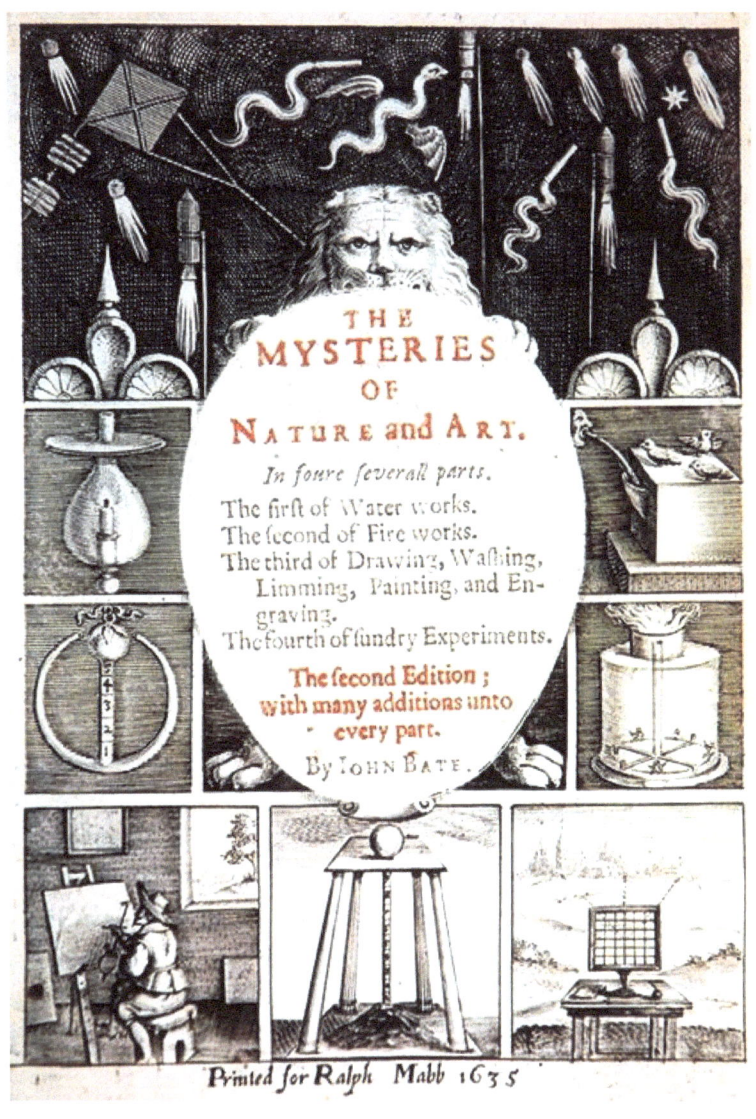

图33《自然与艺术之谜》(The MYSTERIES of NATURE and ART)

## 2.3 传奇的剑桥大学头 10 年

据牛顿的笔记，他在 1665 年初，发现了广义二项式定理；同年 5 月发现了确定切线的方法，并于 11 月有了微分法；1666 年 1 月有了颜色理论；5 月进入了积分法；同年开始思考引力，认为那个作用于苹果的力和作用于遥远的月球的力是同一种力。那时他尚未满 25 岁，就开始革命性地推进数学、光学、物理、和天文。

1661 年牛顿 19 岁，他进入了剑桥大学的三一（trinity）书院读法律学位[41]。那时的剑桥大学课程主要是关于亚里士多德学术，始于亚氏的逻辑学、伦理学和修辞学，以其为基础，展开亚氏哲学研究，进而引用亚氏原话培养宏辩能力[42]。该课程第三年允许某种程度的自由研读。牛顿喜欢阅读笛卡儿、波义耳等哲学家以及哥白尼、开普勒和伽利略等科学巨人更先进的思想。牛顿被吸进了剑桥大学的柏拉图主义数学组。柏拉图、伽利略、和笛卡儿都崇尚数学。柏拉图认为：数学不认可权威除非被证明，即其演进非常严谨，因此学习应从数学开始；伽利略和笛卡儿都认为自然这本书是用数学语言写的。

牛顿曾言："柏拉图是我的朋友，亚里士多德是我的朋友，但我最好的朋友是真理"。这反映他从学生时代起就是不接受先入为主的独立思考者，与皇家学会的"勿信传言"座右铭不谋而合。

*团队的光辉*。剑桥大学数学组的领路人是巴罗，第一位卢卡斯数学教授[43]，他是微积分研究的先驱，以几何形式提出了积分和微分是互逆运算的基本定理，他批评笛卡儿哲学缺乏自然界的检验，曾言："让你的眼睛帮助你的耳朵，让实验伴随推理"[44]和"炼金术也

---

[41] In June 1661, aged 18, Newton began studying for a law degree at Cambridge University's Trinity College.
[42] 这应该是牛顿的极高文辞修养的来源之一。
[43] 卢卡斯数学教授席位是依据卢卡斯的捐赠遗嘱而创设，他曾于 1639 年～1640 年间担任剑桥大学选区的国会议员。
[44] "Get your eyes to help your ears! Make experiment the companion of reason!".

许是唯一可能完善医学和宇宙哲学的艺术"[45]。查理国王二世称他是英格兰的最好学者，数学同行视他为仅次于牛顿。从巴罗那里，就学科重要性而言牛顿认同炼金术等位于数学、炼金术实验等位于解剖学和生物学，这部分解释牛顿为什么钻研炼金术；从另一组员那里，牛顿认同人类历史秘密隐藏在古籍里，这部分解释牛顿为什么钻研古神学著作。

　　伯乐识马。*巴罗独具慧眼识牛顿*，在一封给同行信中他赞牛顿道"牛顿先生是我们书院的院士，很年青，但在微积分领域有着非凡的天赋和造诣"[46]；在牛顿27岁时，巴罗推贤让能、辞去卢卡斯数学教授职位让给了牛顿；并在后来牛顿因拒绝担任牧师而打算辞职时又惠顾了牛顿，当时担任剑桥大学职员必须同时担任牧师，而牛顿欲聚精会神、不务空名，幸好卢卡斯教授之职要求其持有者不得活跃于教堂，牛顿借故不担任牧师，当时作为皇家牧师的巴罗游说查理国王二世，后者恩准免去牛顿担任牧师这一义务。巴罗为造就人类最伟大的科学巨星殚精竭虑！

图34 位于剑桥大学三一书院的巴罗雕像

　　*牛顿是如何从法律学转成数学的呢？*1663年秋他买了一本占星术书，但不懂其中数学，遂自学、研读起三角几何，包括巴罗的欧

---

[45] "Alchemy is the only art which might be able to complete and bring to light not only medicine but also a universal philosophy".
[46] "Mr Newton, a fellow of our College, and very young … but of an extraordinary genius and proficiency in these things".

氏几何讲义和笛卡儿的解析几何，倾听巴罗的数学讲座，进一步拓展到代数、无穷级数等当时最领先的数学领域，其中无穷级数导致他发现了广义二项式定理。巧合的是巴罗于 1663 年来剑桥受聘第一任卢卡斯数学教授，其学术思想和声望吸引牛顿心驰神往。

1665 年初，在牛顿还是大学学生时，他发现了广义二项式定理，并开始拓展微积分的数学理论；1665 年 8 月 23 岁牛顿获得了学士学位，不久伦敦大瘟疫波及剑桥因而大学关闭，牛顿回到家乡；当时他并不出类拔萃，但牛顿在此后他人生中最具创造力的一两年里，独自在家中继续研究，发展了微积分学、光学和万有引力理论，这些又经过很多年才日臻完善。

1667 年 4 月瘟疫结束后牛顿返回剑桥大学，接着青云直上。1667 年 10 月，他被选为三一书院院士；1668 年 26 岁获得硕士学位；1669 年巴罗充分认识到 27 岁牛顿的才华，辞去卢卡斯教授之职（转任皇家牧师，1673 年查理国王二世任命巴罗为三一书院院长），从而牛顿受巴罗青睐继任卢卡斯教授之职，那是仅次于院长的高位厚禄，从此牛顿安身立命、专心致志探索天地统合。

牛顿的学者生涯机遇不是必然的。他在学士学习期间，白屋寒门[47]、默默无闻、夙兴夜寐。在 1664 年偶然的接二连三的好运才使他金榜题名，好运之一是牛顿得到他尽心伺候的一位教授的强有力推荐，由此他有资格在 1665 年学士毕业后继续留在大学三年攻读硕士学位，那真是*天赐良机*。机不可失，时不再来！

---

[47] earning money working as a personal servant to wealthier students.

## 2.3.1 广义二项式定理

二项式定理说：当二项式的指数是非负整数时，二项式的幂可表示成多项式，多项式的系数可用帕斯卡三角形来表示。牛顿知道一些幂级数，也熟悉前人逼近 π 的一种无穷级数表示式，当他考虑二项式的指数是分数和负数时，他尝试用帕斯卡三角形表示展开式的系数，结果他发现了广义二项式定理。该定理的左边是有限函数而右边是无穷级数，这意味着作为逼近工具的无穷级数等同于有限函数，从而无穷级数不再令人生畏，且作为无穷级数之和的积分，其运算也有了希望。广义二项式定理是他的第一个重要贡献。

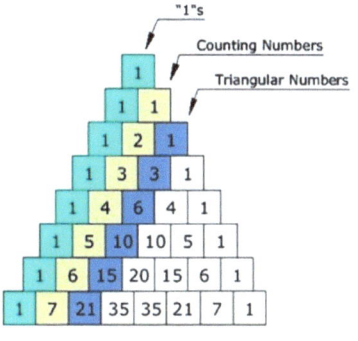

图 35 牛顿广义二项式定理

## 2.3.2 微积分

如何计算瞬时速度？自由落体有加速度，即自由落体速度不是常数，在牛顿之前，所谓的速度是平均速度，即落体下降的距离除以所用的时间。为了计算瞬时速度，牛顿用越来越小的时间间隔来计算平均速度。时间间隔越短，平均速度越趋近瞬时速度。当时间间隔成为无穷小时，即不是零但小于任何你能想象到的小数时，平均速度成为*瞬时速度*，这运算就是导数。牛顿由此创立了一门新的数学分支微分学，可用来计算变化率，例如速度是位移关于时间的变化率，加速度是速度关于时间的变化率。

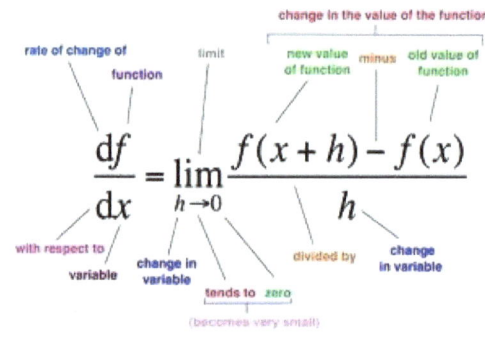

图 36 一个改变世界的方程，credit Ian Stewart

导数运算在几何上就是切线问题。凸凹透镜的设计制造、行星轨迹的预测、依据月球运动定位海上船只等，都涉及切线问题。借助于巴罗的几何形式微积分知识，牛顿意识到：切线问题和面积计算问题本质上是相同的但互为逆运算，即导数与积分的关系，从而综合两者创立了微积分，其中广义二项式定理用于逼近函数，忽略高阶微量，使得微积分更为严密。

先前不同学者为解决不相关问题，诸如求面积、切线、曲线长度、函数的极大极小值等问题，发展了许多不同解法。牛顿创立的微积分取代了这些方法，通用地解决了这些不相关问题。微积分早已成为现代科学必不可少的工具。

笛卡儿的解析几何和巴罗的几何形式微积分定理有助于牛顿从几何直觉上升到微积分理论。

2.3.3 光与颜色理论

在 17 世纪光依然是神秘的，光速是有限的还是无限的（1676 年发现光以有限但非常高的速度传播，并测得近似光速）？红光与蓝光的区别是什么？光是一种力？是粒子流？或者是像声音一样的波？

从亚里士多德到笛卡儿，科学家都认为太阳光或白光是纯的，颜色是由物理调合而成的，例如他们认为太阳光通过三棱镜，三棱镜加颜色进太阳光使其变成了颜色光谱。然而折射望远镜产生的固有色差使牛顿怀疑太阳光是否是纯的，他通过大量实验得到了与前人不同的结论。他在百叶窗上钻个洞，让光线进入暗室，置三棱镜于光路上，光被折射到墙上，墙上出现一条彩虹颜色长带；如将第二个三棱镜倒置在第一个三棱镜之后，那条彩虹颜色长带又被重组为白光。

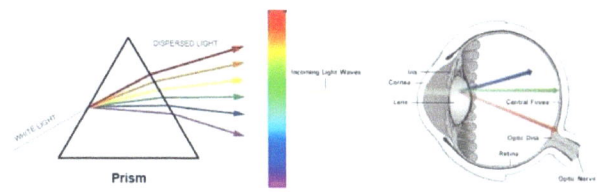

图 37 三棱镜将白光分解为彩虹[48]

牛顿进一步灵感一闪，用一块带狭缝的挡板把其他颜色的光挡住，只让一种颜色的光通过第二个三棱镜，发现从三棱镜出来的是同一种颜色光。从而有结论：每一种颜色光是纯的单色光，而白光是所有这些单色光的混合物，白光中不同颜色的光被三棱镜折射至不同角度，从而被投射到墙上的不同位置，其中三棱镜是光分离器而不是物理调合器。这也意味着红光与蓝光的区别在于波长或频率不同。

至于光是什么，因为声音能绕过拐角传播而光不能，因此牛顿相信光是高速运动的粒子流。但在研究牛顿环时，牛顿观察到一个

---

[48] a dispersive prism decomposing white light into the colours of the spectrum, as discovered by Newton

个明暗相间的圆环条纹，此现象可以由光的波动说解释。因而牛顿的观点在粒子说和波动说间摆动，受着波动与粒子的困扰，后来他提出一种假设：光作为粒子沿直线运动，撞到物体时产生振荡波。然而这假设似是而非。

与此同时惠更斯发展了光的波动说，但他认为光像声一样是纵波，实际上是像水波一样是横波，另外该理论也有现象不能解释。在他们之前，胡克以波动说解释膜的颜色现象。由于牛顿无可置疑的学术权威，他的理论在一个多世纪内无人敢于挑战，而惠更斯的理论则渐渐为人淡忘。直到十九世纪初衍射现象被发现，光的波动理论才重新得到承认。而光的波动性与粒子性的争论从未平息，直到 1905 年，爱因斯坦提出了光电效应的光量子解释，人们开始意识到光同时具有波动和粒子的双重性质。

牛顿还发现，其它恒星的光和太阳的光是相同的，并且推测其它恒星可以有它们自己的行星。

牛顿对光的研究导致对自然界理解的一个大飞跃。后文将谈到此研究成果让牛顿一举成名，同时与胡克结冤终身。

*隐形斗篷*（Invisibility Cloak）科幻成真。隐形斗篷材料是人工超材料（**metamaterials**），其折射率设计基于变换光学[49]，而变换光学得益于广义相对论。你有隐形斗篷护身则光线或电磁波被折射而绕过你，使你看起来根本不在那里，看不到你或侦测不到你。已找到了一种从各个角度都看不到物体的方法[50]。

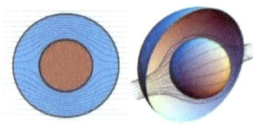

图 38 隐形原理：外界看不到红内球壳内的物体，蓝色环是超材料斗篷，光线进入斗篷的一侧，按设计的折射率绕过红内球，然后在另一侧合并到原来路径上[51]。

---

[49] Transformation optics
[50] a Way to Make an Object Invisible From Every Angle, July 2018
[51] Cloaking. Objects within the inner sphere are hidden completely from the outside world. The blue annulus is the metamaterial cloak. Light rays enter the

## 2.3.4 万有引力定律

牛顿定律说：质量告诉引力场如何施加一个引力，引力告诉质量如何加速[52]。

牛顿的万有引力定律说：宇宙中每个质点都在吸引其它各个质点，任意两个质点之间引力的大小与它们的质量乘积成正比，与它们之间距离的平方成反比；对于大的球对称质量，其吸引和被吸引作用将同所有质量集中在中心时的情况相同，如下所示。

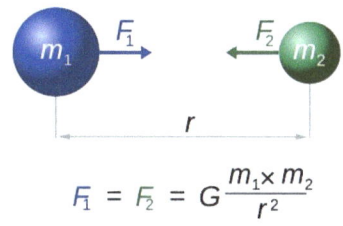

$$F_1 = F_2 = G\frac{m_1 \times m_2}{r^2}$$

图 39 牛顿万有引力定律，CC BY-SA 3.0

这定律表明：万有引力是非接触、非碰撞的超距作用[53]；且与时间无关。引力与时间无关意味着：万有引力传递不需要时间、是瞬时的、是无穷快，快过光速。这不是与光速是极限的论断矛盾吗？又如果万有引力传递需要时间，那彗星飞来时，在不同方向上所受的随时间变化的引力会引起*星体振荡*直至宇宙不稳定吗？

如果一个物体位于空心球壳内，则空心球壳施于物体的引力是多少？如果一个物体位于均匀密度的实心球体内，则实心球体施于物体的引力是多少[54]？

在牛顿时代，关于天体运动和地面物体运动的最流行理论是笛

---

cloak on one side, are guided around the inner sphere, and emerge on the other side on their original trajectories.
[52] Newton's laws: mass tells gravity how to exert a force and force tells mass how to accelerate.
[53] 这如何解释？是否有点神秘？
[54] 前一引力是零而后一引力与物体距中心的距离成正比，惊讶否？seeing Shell theorem.

卡儿的漩涡说和机械论。牛顿通过逻辑推绎和观测检验，觉得漩涡说不符合彗星观察结果，遂另辟蹊径。

在牛顿之前，大量的自然现象的观察归纳出这样的猜测：太阳对行星的引力与距离的平方成反比；运动的行星在太阳吸引力作用下绕太阳作椭圆运动。然而正是牛顿用严谨的数学方法将其升华为引力定律，并将引力定律适用范围推广到宇宙中任意两个质量，建立了万有引力定律。这定律首次发表在《数学原理》中，一举使牛顿名垂青史。

图 40 牛津大学自然历史博物馆中牛顿雕像

当你想起牛顿的苹果故事时，一场情景会浮现在眼前：他坐在苹果树下凝神注思着宇宙，一只苹果从树上掉下落在他头上，这开启了牛顿的万有引力定律。圆周运动的物体如果失去向心力，则会沿切线方向飞走。当沉思中的牛顿被下落的苹果惊醒时，他也许自问自答，"为什么脱落的苹果不沿切线方向飞离地球反而落向地球"？"也许地球有吸引力，将苹果拉向自己"；"为什么苹果落向地心而不是侧面"？"地球吸引力之和指向地心"；"如果物质吸引物质，则苹果也吸引地球，且吸引力与质量成正比"。如果到此为止，事情也有始有终了。然而超群绝伦的牛顿不止于此，进一步自问，"使苹果落向地球的力，和迫使月球绕地球运动的力，这两力是否是同一种吸引力"？牛顿说他连夜进行了计算。他计算了两个力之比，一是假设月球在地面上绕地球运行时月球所产生的离心力，二是月球在其轨道上飞离地球的离心力，即月球与地球间的吸引力，当月球与地球间的距离是地球半径的 **60** 倍时，两个力之比应该是 **3600**[55]，但他的结果是 **4000**，牛顿认为两个数值相当接近，但还是不够好，因此就搁置一边留待它日再论。二十年后，牛顿将这一假设完善成为万有引力定律，这定律将宇宙中各物体联系在一起。

将地面吸引力延伸至遥远的月球是需要非凡的想象力和勇气，引力是否存在？引力是否能从地球延伸到月球并且还能够保持月球在轨道上运行？牛顿曾道："没有大胆的猜测就没有伟大的发现[56]"。

图 41 没有大胆的猜测就没有伟大的发现

当研究太阳绕银河星系中心运动时，上述牛顿万有引力定律依然适用吗？引力的影响是否永远延伸[57]？

---

[55] https://www-spof.gsfc.nasa.gov/stargaze/Sgravity.htm;
http://www.splung.com/content/sid/2/page/gravitation
[56] "No great discovery was ever made without a bold guess."
[57] 按牛顿引力定律，是永远延伸；按相对论则否 。Does the influence of gravity extend out forever? No. The attractive force called gravity does not extend beyond galaxy groups.

## 2.3.5 反射望远镜

**1668** 年基于他的颜色理论，牛顿创制了反射望远镜。伽利略望远镜基于折射原理，使用凸透镜搜集、聚焦入射光，不同颜色的光有不同的折射率，因此像三棱镜一样，凸透镜所形成的图像总有*色差*，即折射望远镜受光学原理限制，图像总会模糊不清。因而牛顿开始自己设计、制作不同原理的反射望远镜，他尝试用凹镜代替凸透镜反射搜集、聚焦入射光以便消除色差，他发现他的反射望远镜没有色彩失真，并能看到木星的卫星，与折射望远镜相比，他的反射望远镜还有许多其它优点。后来按相同原理建造的巨型反射望远镜对天文学有重要贡献。

牛顿不仅绘图和计算准确，而且实验和制作技能也异常高超、巧夺天工。当皇家学会问谁使用什么工具为牛顿制作反射望远镜的，牛顿说："假如我耐心等待别人为我制作工具和仪器，那么我会一事无成"[58]。

图 42 牛顿于 1668 年创制的反射式望远镜，CC BY-SA 2.0

当你仰望玻璃摩天大楼时，是否看到未开发的潜力？一种透明的太阳能电池将使摩天大楼自产能量[59]。

---

[58] If I had stayed for other people to make my tools and things for me, I had never made anything.
[59] Skyscrapers could soon generate their own power, thanks to see-through solar cells, June 2018

## 2.4 行成于思

牛顿入大学后的头 10 年是他一生中最有创造性的,他独自潜心于数学、光学,并超凡越圣地开启了关于万有引力定律的研究,这一切都在名利淡泊的宁静中诞生成长。然而,为了促进科学知识的传播,牛顿的研究成果陆续公开和发表,接着对成果的分享纠纷和非难纷至沓来,牛顿应接不暇、百口难辩,牺牲了创造性研究所需要的宁静思维,以至他急流勇退、发誓不再发表文章。通过一小*智力游戏双向图*(ambigram),个难看到下图中英文是什么。

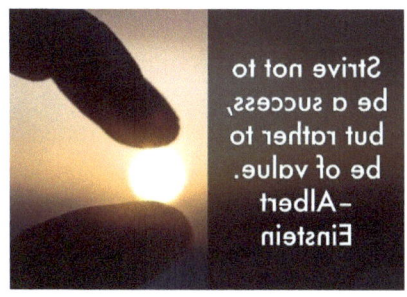

图 43 不要试图去做一个成功的人,要努力成为一个有价值的人。——爱因斯坦[60]

1671 年巴罗向皇家学会和国王展示牛顿的反射望远镜,这使牛顿一鸣惊人。1672 年牛顿当选为皇家学会会员。同年皇家学会发表他的论文,解释反射望远镜原理和他的光与颜色理论。年轻的牛顿很快登上世界科学舞台。然而胡克很不满,他声称:他制作过反射望远镜,因参与重建伦敦而没有时间完善;牛顿的光学理论的主要部分来自他的《显微图集》;牛顿的光粒子说是错的,应该是波动说。牛顿反驳道:他的颜色理论是一项关于自然界的伟大探究成果而胡克的学说泛泛而谈、以偏概全。从此两人开始了长达半个世纪的终身争执,后来在万有引力定律成果分享上两人纠纷再起,此宿怨让牛顿的《数学原理》出版一波三折,牛顿的《光学》著作是在胡克过世后才出版的。另外来自欧洲大陆对牛顿光粒子说的非难也雪片飞来,长达十多年。而关于微积分的优先权,以牛顿和莱布尼茨两巨擘为代表的两派各执一词、唇枪舌剑一个多世纪。

---

[60] "Strive not to be a success, but rather to be of value." - Albert Einstein

1678 年牛顿写就了一本光学书稿拟与胡克一决雌雄，不幸的是他出门散步时蜡烛火将书稿变为了灰烬，牛顿认为那是一个巨大的不祥之兆以致他放弃了光学研究，转而专注炼金术和神学研究。他不仅想通过炼金术揭示物质性质，还想通过神学研究揭示基督教的神秘历史和隐藏在古籍里的人类历史。

图 44 烛火中的牛顿光学书稿

*莱布尼茨的微积分符号系统优于牛顿的*，被沿用至今。英国学者出于对牛顿的狭隘崇拜、门户之见，只用牛顿的流数符号，不用莱布尼茨更优越的符号，以致英国的数学脱离、滞后欧洲大陆的数学一百多年。

宇宙是完美的。在哲学上，*莱布尼茨*以他的*宇宙完美观点*最为著称，他认为"我们的宇宙，在严格的意义上是上帝所能创造的最好的一个"[61]，并作了阐述[62]。许多英格兰风景点在晨雾朦胧的凌晨，就像莎士比亚《仲夏夜之梦》（A Midsummer Night's Dream）的仙境。

---

[61] In philosophy, Leibniz is most noted for his optimism, i.e. his conclusion that "our Universe is, in a restricted sense, the best possible one that God could have created".

[62] The Theodicy (a book of philosophy by the German polymath Gottfried Leibniz) tries to justify the apparent imperfections of the world by claiming that it is optimal among all possible worlds. It must be the best possible and most balanced world, because it was created by an all powerful and all knowing God, who would not choose to create an imperfect world if a better world could be known to him or possible to exist. In effect, apparent flaws that can be identified in this world must exist in every possible world, because otherwise God would have chosen to create the world that excluded those flaws.

图 45 仲夏夜之梦

人为地质纪元（Anthropocene Epoch）。1960年代，划破夜空的流星接连不断；在江南水乡，开满芙蓉的小河池塘比比皆是，树上的鸟儿点不完，河里的鱼儿数不清。仅仅半个世纪后，如今它们在哪里？自 50 年代以来，人为产生的铝、混凝土、塑料和核放射，在数百万年以后依然会在地球沉积物和岩石中见到，以致有国际科学小组相信：我们已经进入了一个新的人为*地质纪元*。

图 46 人为地质纪元　　　　图 47 明天的地球

地球只有一个，我们能否规划、建设之从而实现*地球最优化*？"科学"杂志正在刊登一系列文章，致力于塑造明天的地球[63]！

---

[63] http://science.sciencemag.org/cc/tomorrows-earth, sept 2018

## 2.5 炼金术使牛顿相信超距作用

*炼金术使牛顿相信超距作用和发现电子*。从巴罗那里,牛顿认同炼金术重要性相当于数学、炼金术功效相当于解剖学和生物学,这部分解释牛顿为什么钻研炼金术。

通过一系列炼金术实验/化学研究,牛顿肯定粒子能相互吸引和排斥而不需要中间介质。笛卡儿机械哲学认为:一个物体只能通过直接接触才能移动和影响另一个物体。因此对于不可思议的光、磁、引力等超距现象,需要引入一种称为以太的介质才能解释它们。以太假设是机械哲学的必要部分,如此就能摆脱神秘论。牛顿通过炼金术实验确信:以太不必要,吸引和排斥可以通过真空传播而不需要物理介质,即通过超距作用传播。这使他相信引力可以通过超距作用传播尽管不能解释,也为他积极形成万有引力定律扫清思想障碍。

牛顿写道:"某种最细微的精灵,无处不在地躲藏在所有物体中"[64]。这在很大程度上被解读为牛顿的电子观。当时关于电子现象所知寥寥无几。关于这种精灵的一些属性,他说:"我们还不能用几句话来解释这些属性,而且关于这电精灵运作的定律,我们也还没有足够的实验来达到准确的论断和示范"[65]。

培根(Roger Bacon,1214年-1294年,不是前述的弗兰西斯·培根)在13世纪就言:"还有一种可行、实用的炼金术,它教你如何使贵金属、颜色和许多其它东西,比它们天然的更好、更丰富"[66]。炼金术士布兰德(Hennig Brand,1630年-1710年)从尿液中制得了磷元素,这是第一种使用化学方法发现的元素。

---

[64] "certain most subtle Spirit, which pervades and lies hid in all gross bodies."
[65] "these are things that cannot be explained in a few words, nor are we furnished with that sufficiency of experiments which is required to an accurate determination and demonstration of the laws which this electric spirit operates."
[66] "There is another alchemy, operative and practical, which teaches how to make the noble metals and colours and many other things better and more abundantly by art than they are made in nature."

## 2.6 神学钻研使牛顿更正古代历史事件年份

牛顿相信：他被降生地球，是为了通过研究圣经和自然界来解码上帝的话语、理解上帝所创造的自然。对他来说，神学和数学是发现、理解、和掌握世界系统这一使命中的两个部分[67]。牛顿自诩为知识弥赛亚[68]，即知识救世主，意在以知识救人类。牛顿未任神职，但著有大量神学手稿。在他死后，出版了博士论文般的鸿篇巨著《古代王国的年表》和《关于但以理的预言和圣约翰的启示的观察》[69]。那是牛顿自 1670 年来研究的一个主题。

关于科学和神学，他说："从事物的表象来论上帝，无疑是自然哲学分内之事[70]"。只有在科学工作里揭示和发现上帝对万物的最聪明和最巧妙的安排，以及最终的原因，才能对上帝有所认识。他认为这样一个美妙的均匀的行星系统不是随机的而是设计的，即神创的[71]。引力是牛顿最著名的发现，他却反对用它来将宇宙解释为一部纯粹的机器，*宇宙不是一座大钟*，他说："引力解释了行星的运动，但却不能解释谁让行星运动起来的。上帝统治万物，知晓所有做过和能做的事"[72]；牛顿坚持认为，由于摩擦消耗能量，必须有神的不断干预来改良宇宙这个系统，为此莱布尼茨讽刺牛顿说："全能的神必须不时地给他造的钟上发条，否则这个钟就会停摆。看起来

---

[67] He had believed he was put on Earth to decode the word of God, by studying both the scriptures and the book of nature. For him, theology and mathematics were part of one project to discover a single system of the world.
[68] 《圣经》说上帝将指派弥赛亚（Messiah）来拯救世人，即弥赛亚是救世主。
[69] 但以理和圣约翰是圣经中的两位先知。
[70] "thus much concerning God; to discourse of whom from the appearances of things, does certainly belong to natural philosophy."
[71] "Such a wonderful uniformity in the planetary system must be allowed the effect of choice".
[72] "Gravity explains the motions of the planets, but it cannot explain who set the planets in motion. God governs all things and knows all that is or can be done".

*全能的神*没有能力让这个钟永远运行"[73]。一个世纪之后，拉普拉斯（Laplace）的《天体力学》解释了太阳系是稳定的因而不需要定期神助。

牛顿认同人类历史秘密隐藏在古籍里，那么如果他想回答人从哪里来，就不难理解牛顿为什么钻研古神学著作以追本溯源。他曾比较古代文献中天文星空现象的描述，应用地球进动变化规律[74]，从恒星位置的变化来计算、更正了古代历史事件的年份（*基于地球进动的年代确定法*[75]），他意欲论证犹太文明早于希腊文明，这真让古历史学家汗颜。

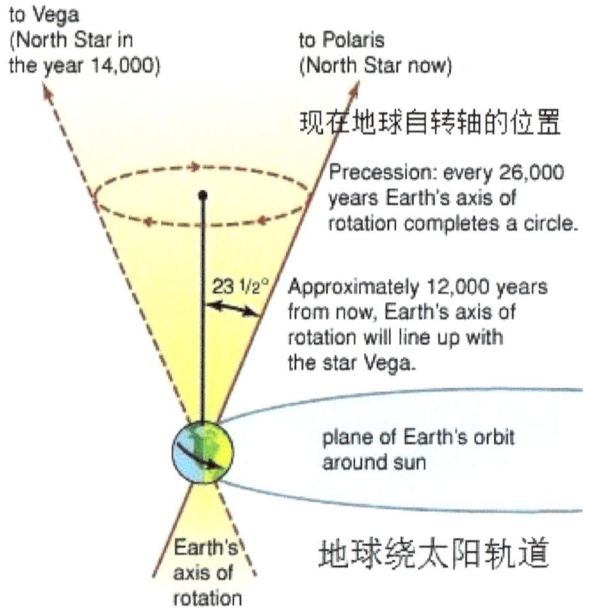

图 48 地球自转轴进动[76]：每 26000 年地球自转轴走完一圈，约 12000 年后地球自转轴指向 Vega 恒星. Credit Encyclopædia Britannica, Inc.

---

[73] "God Almighty wants to wind up his watch from time to time: otherwise it would cease to move. He had not, it seems, sufficient foresight to make it a perpetual motion."
[74] the procession of the equinoxes
[75] astronomical dating or Astronomical chronology
[76] Effects of precession on Earth's axis of rotation

## 2.7 哈雷的不世之功

哈雷因哈雷彗星而青史留名，然而有人说他的两项最大功勋是：巧使牛顿从神学和炼金术研究的迷恋中重返科学殿堂；然后通过赞助牛顿的杰作《数学原理》的出版并亲自负责编辑直至印刷，从而帮助那推进科学的黎明为白昼的旷世名著诞生，牛顿也由此与日月同辉。

哈雷是一个富商的儿子，他带着比许多职业天文学家还好的望远镜和六分仪踌躇满志地来到牛津大学。他不失时机地赢得了一个名利双收的绘制南天星表的机会，有查理国王二世的恩准和他父亲的财务援助，20 岁时远航圣赫勒拿岛，两年后带着《南天星表》资料，英雄般地凯旋回到伦敦。获得的奖赏包括授予他皇家学会会员和牛津大学荣誉艺术硕士（MA）学位（远航前他尚未大学毕业，无学士学位），时年仅 22 岁。

哈雷与胡克、雷恩曾讨论过引力及其对行星绕太阳轨迹的影响，但未得其解。1684 年 8 月他去剑桥专程谒见牛顿，问及行星如何绕太阳运动如果在它们之间有一个与距离的平方成反比的吸引力。牛顿不假思索地回答是椭圆。哈雷惊问，"从何而知"？"我计算所得"！"我能观之否"？"待我取来"。牛顿一时未能找到该计算手稿[77]。哈雷巧施*激将法*，说牛顿的宿敌胡克也在钻研同一问题并即将计日程功。牛顿许诺不日交货。三月后，牛顿寄出了有完整数学证明的论文。与约 20 年前的第一次计算相比，这次计算更精确因为有了更精确的地球半径和更完善的微积分。哈雷阅后如获至宝、推崇备至，因为他认为能预言行星轨迹者即是大天文学家。

这次重返科学殿堂激起了牛顿更大的欲望。在此后的 18 个月中[78]，牛顿夜以继日工作，扬弃、综合哥白尼开创的科学革命以来的

---

[77] 有太多的光辉思想束之高阁，或付诸东流！
[78] The book of Principles was writ in about 17 or 18 months, whereof about two months were taken up with journeys, & the MS (ManuScript) was sent to the Royal Society in Spring 1686; & the shortness of the time in which I wrote it, makes me not ashamed of having committed some faults.---Newton

伟大成果，包括他自己20多年的思考精髓，写出了三卷本的《数学原理》手稿，它包含了他自己的微积分理论和运动三定律，并第一次严谨阐述了他的万有引力理论。1686年4月，牛顿将第一卷书稿寄给了皇家学会，三周后皇家学会决定出版《数学原理》。哈雷告诉牛顿他的无与伦比的杰作将出版，并说胡克看过手稿后大呼剽窃（胡克和牛顿曾交流过引力问题）。这次牛顿气得暴跳如雷，皇家学会怕引起纠纷，拟取消出版。哈雷立即慷慨解囊，答应支付所有出版费用，并承诺亲自编辑《数学原理》。第二和三卷书稿分别于1687年3月和4月交给了哈雷。牛顿依然愤愤不平，威胁取消第三卷的出版。哈雷一面对牛顿微言大义，一面劝胡克委曲求全，以免功亏一篑而功败垂成。1687年7月，《数学原理》终于出版而大功告成，使牛顿彪炳千秋，哈雷功德无量也！后来哈雷获牛顿鼎力相助，计算出了哈雷彗星轨迹和周期，亦名垂青史，此可谓投桃报李、相辅相成！

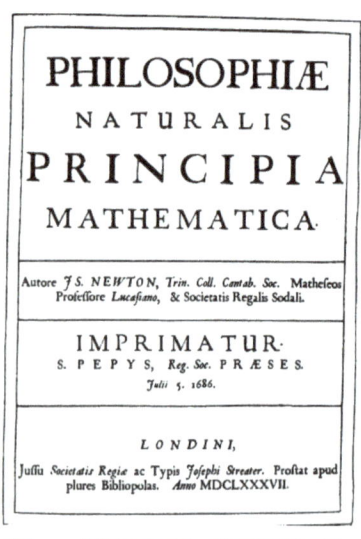

图 49《数学原理》拉丁版封面[79]

皇家学会何以如此在意胡克的态度？那时皇家学会确实是扬你科学之名的极佳场所，其座右铭是"勿信传言"，即实验结果胜于雄

---

[79] 位于封面中部的日期 Julii 5. 1686 是皇家学会批准出版的日期；末行的罗马字母 Anno MDCLXXXVII 是出版日期1687年。

辩，胡克是当时皇家学会实验主任，处于鉴别真伪科学的核心。牛顿的光学成果顿使牛顿声名鹊起，而胡克则评说"牛顿只不过完成了我开创的研究工作"。在他们争吵后，牛顿给胡克写了和解信，言"如果我比别人看得更远，那是因为我站在巨人的肩上"，并且退避三舍，他的《光学》著作是在胡克过世后才出版的。如此可见，不说胡克一言九鼎，也足见他才高八斗。

图 50 希腊神话：盲巨人肩扛他的仆人当作巨人眼睛[80]

年仅 20 岁的哈雷何以有幸赢得*绘制南天星表*的机会的呢？ 在有精确时钟[81]之前，要确定大海中航船的方位是不可能的，尤其是经度的确定。因此经度计算及其关键资料---天空星表，对于海洋强国如英国，有着极大的经济、科学和政治意义。为此英国国王任命弗拉姆斯蒂德（John Flamsteed）为首任格林威治天文台[82]台长[83]。哈雷在牛津大学求学时，写了一篇关于开普勒行星运动定律的评论文，寄给了弗拉姆斯蒂德，后者颇为赏识并邀请后起之秀哈雷来建设中的格林威治天文台当助理。作为弗拉姆斯蒂德的门生，哈雷观察到两次月食和一次太阳黑子，并撰写了行星轨道的论文，因而很快脱颖而出。就在弗拉姆斯蒂德筹备测绘北天星图时，哈雷不

---

[80] Greek mythology: the blind giant carried his servant on his shoulders to act as the giant's eyes.
[81] 当惠更斯申请精确时钟关键部件的专利时，胡克声称自己是优先发明者.
[82] 格林威治天文台由雷恩和胡克负责设计与建造。
[83] 哈雷是第二任台长。

失时机地提出测绘南天星图的建议，得到查理国王二世的钦准和他父亲的财务援助后，他远航来到英国最南领地---圣赫勒拿岛。在随后的两年中，他用望远镜和六分仪测绘了 340 多颗南天星图，那是一个可歌可泣的英雄壮举。

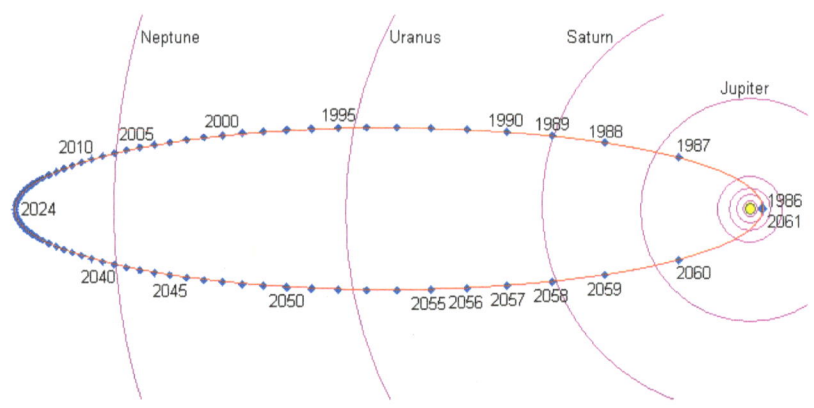

图 51 *哈雷彗星*[84]。哈雷彗星是唯一在人的一生中用肉眼能看到两次的彗星，其平均轨道周期为 76 年，预计将于 2061 年 7 月 28 日再次出现[85]。

圣岛陨落处，凭吊欲伤情。圣赫勒拿岛是哈雷的发迹地，却是拿破仑的人生终点小站。1815 年欧洲之父拿破仑兵败滑铁卢后被流放到圣赫勒拿岛，6 年后殒命岛上。对于一个渴望统一欧洲、征服世界的雄才大略来说，被软禁在这偏远的小孤岛上是何等痛苦不堪。拿破仑曾经说："我真正的光荣不在于打了四十次胜仗，滑铁卢之战抹去关于这一切胜利的记忆……但有一样东西将永垂不朽，那就是我的《民法典》"[86]。《拿破仑法典》至今仍然对欧洲、美洲和非洲的法系具有十分重要的影响。欧盟不遗余力地演进欧洲大一统的宏伟蓝图，然而命途多舛，2016 年 6 月 23 日英国举行退出欧盟的公投，退欧公投结果让世界猝不及防，震荡欧盟金融界和政界。2000 多年前罗马帝国统一了大部分欧洲，建立了许多现代欧洲文明

---

[84] https://www.uwgb.edu/dutchs/PLANETS/Comets.HTM
[85] Halley's Comet is only comet that can be seen with the naked eye twice in a human lifetime. Its average orbital period is 76 years and it is predicted to appear next on 28 July 2061.
[86] "My true glory is not to have won forty battles...Waterloo will erase the memory of so many victories. ... But what will live forever, is my Civil Code."

所依赖的社会系统[87]，当时龙荒蛮甸的英国受益匪浅。

图 52 时来天地皆同力，运去英雄不自由

乐圣贝多芬的《英雄交响曲》原为纪念拿破仑的。他的乐思从哪里来？"在大自然的怀抱里、在树林里、在漫步时、在夜阑人静时、在天方破晓时，应情应景而生，在诗人心中化成语言，在我心中则化为乐章"。贝多芬多次与命运搏斗，他对音乐的酷爱和对人类的使命感使他战胜命运。

图 53 贝多芬像

---

[87] Roman Empire: The Paradox of Power

## 2.8 《自然哲学数学原理》的横空出世

牛顿的研究开始从量变到质变，他确信他能用一个万有引力定律解释所有天地运动。他开始如痴如狂地实施，恰似有鬼斧神工，在 18 个月内一气呵成完成了鸿篇钜制。

他分析皇家学会搜集来的各种各样的海陆空中发生的自然现象数据，从哥白尼、开普勒、伽利略、笛卡儿等科学巨人学说中去伪存真或去粗取精，设计物理和思想实验来检验假设，定义新物理量，逐渐形成牛顿三大运动定律，即惯性定律、加速度定律和反作用定律，和万有引力定律。这些定律可解释、预测行星的运动，让人类往返月球、和展望中的人类往返火星。

他设计了一个思想实验统一了地面的物体抛物线轨迹和行星的椭圆形轨迹，同时也显示了地上的吸引力和天空的吸引力是同一种力。他设想在一个非常高的山顶射击水平炮弹。如果速度较低，炮弹在惯性和地球吸引力作用下以抛物线轨迹回落到地球上（A，B）；在中等速度，它会沿椭圆轨道绕地球旋转（C，D）；在高速飞行时，它会在惯性和地球吸引力作用下以椭圆轨道飞离地球（E）。在这思想实验中，两条规则能抽象出来：惯性定律适用于地上和天空；无形的吸引力存在于地上和天空并且是同一种力。

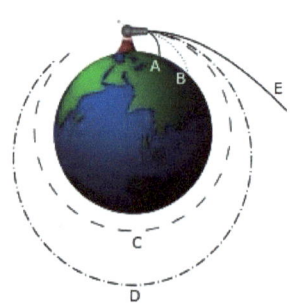

图 54 *牛顿炮弹思想实验：统一地上和天空物体运动轨迹*，CC BY-SA 3.0

牛顿从上述实验看到：月球和炮弹服从同一引力定律；如果这引力定律能计算地球和月球的关系，那么它也应能计算木星和其卫星的关系，进一步推广至整个太阳系，最后适用于整个宇宙。他观测了木星的四个卫星，发现它们的运动周期服从开普勒第三行星运动定律，而第三定律是与引力定律相容的。研究了太阳、地球、月球/卫星和行星系统后，他开始工作于彗星。他设计了一种基于三次观测确定彗星轨迹的方法，他绘制的彗星轨迹图与现代计算相差无几，他发现彗星轨迹服从开普勒第一和第二行星运动定律，并推测彗尾是彗核受热放射出的蒸汽、当彗星经过太阳邻域时彗尾会增大[88]。

牛顿扬弃笛卡尔的漩涡说。他通过逻辑推理、天文观测、设计实验等多种途径来检验漩涡说，发现所得结果与漩涡说不相容。比如他独辟蹊径、以独特的彗星运动轨道来*否定漩涡说*，彗星作超大的偏心运动，自由地、一视同仁地穿越天空的各个部分，这是漩涡说所不能解释的，而万有引力定律却能解释预测彗星运动。

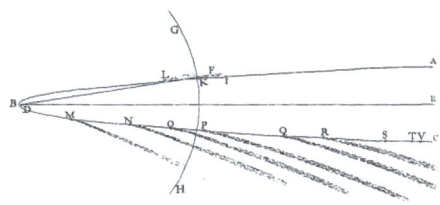

图 55《数学原理》中 1680 年的彗星轨道

牛顿基于他的三大运动定律，通过对月球绕地球运动周期的计算、和与观测到的实际周期的比较，通过对开普勒三大天体运动定律的数学演算，终于确信、并在 1686 年将万有引力定律载入了《自然哲学数学原理》。

该万有引力定律是人类对宇宙理解的巨大飞跃，它告诉我们：为什么有日出日落，月盈月亏，潮升潮降；引力锁定月球在绕地球的轨道上转，同时也锁定地球和其它行星在绕太阳的轨道上转；它们像时钟一样运动，可以精确预测，以致 3 个世纪后我们依然能够使用牛顿定律安全登上月球。

---

[88] I think I may infer that the tail is nothing else but a very fine vapour, which the head or nucleus emits by heat, becoming greater after it has passed by the neighbourhood of the Sun.

牛顿进一步证明了：对于大的球对称质量物体，像地球和月球，其吸引和被吸引作用将同所有质量集中在中心时的情况相同。这解释了为什么引力指向天体的中心、和苹果落向地球的中心[89]。

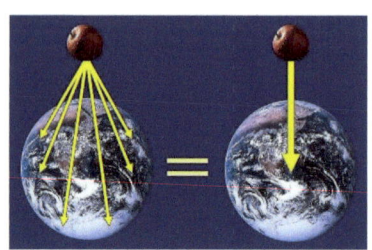

图 56 为什么苹果落向地球的中心

《数学原理》从各种运动现象探究万有引力，再用万有引力说明各种自然现象。牛顿在书中首次提出牛顿三大运动定律，奠定了经典力学的基础。牛顿也是在此书中首次发表了万有引力定律，还给出了开普勒行星运动定律的一个理论推导（开普勒最早给出的只是经验公式），从而消除了对日心说的最后疑虑，推进了科学革命。

1747 年法国数学家、物理学克莱罗（Alexis Clairaut）称"《数学原理》这旷世名著标志着一个物理学伟大革命的新纪元，其杰出的作者牛顿爵士在书中采用的方法……使数学的光辉照亮了笼罩在假设与猜想的黑暗中的科学"[90]。

下图描绘了牛顿的科学成果何等宏大。胡克曾抱怨："牛顿偷了我关于引力的发现，那是自创世纪以来最伟大的发现"[91]。牛顿理直气壮地断然否认道：在胡克之前就有学者论述引力，即使他首次从胡克那里得知引力想法，凭他建立的引力公式并推广到万有引力，

---

[89] 地球有拉苹果的引力，请问苹果有拉地球的引力吗？
[90] The famous book of mathematical Principles of natural Philosophy marked the epoch of a great revolution in physics. The method followed by its illustrious author Sir Newton … spread the light of mathematics on a science which up to then had remained in the darkness of conjectures and hypotheses."
[91] "he has stolen my idea, the greatest discovery in nature that ever was since the Creation."

他享受万有引力定律所有权是问心无愧。后人评说：胡克瞥到了真理，而牛顿演示了真理。不过称胡克和哈雷是《数学原理》的助产妇，是当之无愧的。

图 57 在望远镜的末端我看到了上帝的踪迹[92]

下图是英格兰银行撤回的一英镑钞票。这老一英镑钞票由英格兰银行于 1978 年发行，牛顿坐在苹果树下，在旁边的桌上有他的反射望远镜和一面三棱镜，在他膝上是《数学原理》。此一英镑钞票于 1988 年从流通中撤回。朋友，你能从图中发现撤回的原因吗？

图 58 撤回的一英镑钞票

---

[92] At the other end of the telescope, I saw the traces of God

## 2.9 牛顿第一定律的玄妙
### 2.9.1 牛顿第一定律是否多余

牛顿三大运动定律即惯性、加速度、和反作用三定律。有人说当外力为零时，牛顿第二定律成为第一定律，所以第一定律不独立、是多余的。他从逻辑上和数学上给出了似乎无懈可击的论证。他的逻辑推理是：

  大前提：如果没有力，则没有加速度；

  小前提：如果没有加速度，则没有速度的变化；

  结论：如果没有力，则没有速度的变化。

大前提来自第二定律，小前提基于加速度定义，结论是第一定律所言。即第一定律是第二定律的推论。他的数学证明是：

因为 $F = m\dfrac{d^2x}{dt^2} = m\dfrac{dv}{dt}$，

所以当力 F=0 时，$\dfrac{dv}{dt} = 0$，即速度 v 是常数。

同样说明了第一定律是第二定律的推论。

难道人类最伟大的科学巨星会如此粗心？不可能。那你能找出上述论证瑕疵在哪里吗？

这问题的谜底是什么呢？牛顿第一定律限定了第二定律的适用范围和力的含义[93]；那适用范围是匀速直线运动参考系，即惯性参考系；在惯性参考系中（加速度仪表检测到的加速度值是零），没有力就没有加速度；在有加速度参考系中，即在非惯性参考系中，没有牛顿力依然有加速度。

设想你坐在封闭的火车车厢里观察桌上的茶杯。当火车静止时，茶杯也静止；当火车启动时，你看到茶杯向后运动（若茶杯与

---

[93] Newton placed the first law of motion to establish frames of reference for which the other laws are applicable. The first law of motion postulates the existence of at least one frame of reference called a Newtonian or inertial reference frame, relative to which the motion of a particle not subject to forces is a straight line at a constant speed.[

桌面无摩擦力，或茶杯浮在空中，则茶杯相对于你后移而相对于站台仍然是静止的）。茶杯未受外力作用（茶杯感受到惯性力，但惯性力不是牛顿外力，是想象中的力，不是真实存在的力），为什么有加速度，这不是与牛顿第二定律有冲突吗？

要解释这问题，牛顿第一定律就必不可缺。这定律定义了一种参考系和牛顿力的含义，参考系必须是这样的：如果没有牛顿外力则物体保持静止或匀速直线运动，这样的参考系只能是匀速直线运动参考系，即惯性参考系。在非惯性参考系中，没有外力依然有加速度，例如当火车启动时车厢中的你就是非惯性参考系，你看茶杯未受外力，但它依然有加速度。牛顿三个定律只存在于惯性参考系，不适用于非惯性参考系。因此牛顿第一定律限定了第二定律存在的惯性参考系，没有这界定，就会发生上述那种冲突。所以牛顿第一定律是不可缺少的、独立于第二定律。

现在让我们寻找上述论证中的瑕疵。没有力则没有加速度，或有加速度就有力，这只有在惯性参考系中才为真，在非惯性参考系中为假。如在上例中，茶杯在火车启动时的非惯性参考系中，它未受外力但依然有加速度。所以他的大前提和结论是惯性参考系定义的不同表达形式。另外 $d^2x/dt^2$ 中的 x 是在惯性参考系中度量的，而惯性参考系是由第一定律定义的。下图表示在非惯性参考系中有力但没有加速度。

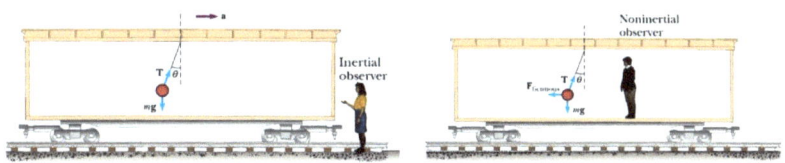

图 59 牛顿第一定律必不可缺[94]：左图表示地基上的观察者是惯性参考系，牛顿第二定律适用，苹果在外力作用下有加速度；右图表示火车上的观察者是非惯性参考系，牛顿第二定律不适用，苹果在外力作用下加速度为零

---

[94] https://www.ux1.eiu.edu/~cfadd/1350/06CirMtn/Images/RRCar2.jpg

## 2.9.2 有绝对静止空间吗

空间有长宽高，可以充满物质也可以是真空，所有运动发生在空间中，并通过时间来度量。在牛顿模型中空间和时间都不受其中物体是否存在的影响，即空间和时间是绝对的、永恒的、并且是相互独立的。牛顿如此描述空间和时间[95]：绝对空间与外界无关，始终保持相似和不动；同样时间以自己的本性均匀流逝。牛顿的绝对空间概念如图示，网格表示空间，空间不受物体是否存在的影响。

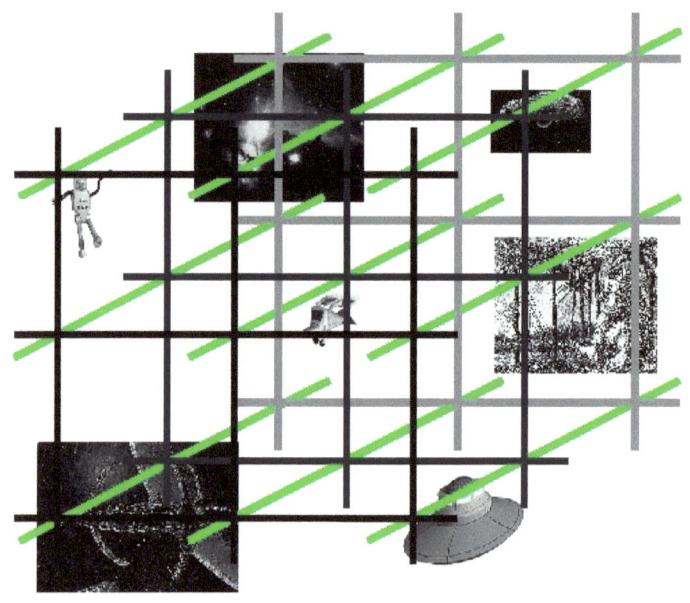

图 60 牛顿的*绝对空间*[96]：网格表示空间，空间不受其中物体存在和属性的影响[97]

牛顿在公式化运动定律时极其小心谨慎，尤其是第一定律，他反复深入思考力、惯性、和空间的概念以致第一定律日臻完善。在那领域有科学巨人伽利略、笛卡尔、莱布尼兹等，他们都是与牛顿

---

[95] Absolute space in its own nature, without relation to anything external, remains always similar and immovable. ...absolute and mathematical time, of itself, and from its own nature, flows equally without relation to anything external, and by another name is called duration.
[96] http://physics.ucr.edu/~wudka/Physics7/Notes_www/node55.html
[97] Newton's concept of space. The grids represent space which are unaffected by the presence and properties of the objects in it.

旗鼓相当、势均力敌的伟人。

莱布尼兹完全理解其深邃意义：在牛顿绝对静止空间中，所有惯性参考系存在其中；牛顿定律适用每一个惯性参考系；其中有一个惯性参考系在宇宙中处于绝对静止，即*绝对静止惯性参考系*，所有其它惯性参考系相对于它作匀速直线运动。他反对有绝对静止空间，质疑问难牛顿为什么全能的上帝选那特定的参考系为静止的，而不是其它的参考系。

爱因斯坦相对论是更加准确的时空描述理论，它排除了绝对静止空间和绝对时间，广义相对论认为：时空告诉物质如何运动，物质告诉时空如何弯曲[98]。

图 61 引力效应是时空曲率的结果或表征[99]，Public Domain

---

[98] spacetime tells matter how to move; matter tells spacetime how to curve.
[99] gravity is a manifestation of space–time curvature.

## 2.10 受人类永恒敬仰的最伟大科学家

1726年3月20日星期一，人类最伟大的科学巨星*牛顿*[100]，陨落在英格兰，八天后他的灵柩由当时大法官、两个公爵、和三个伯爵抬进了威斯敏斯特教堂（Westminster Abbey），成为历史上第一位国葬于威斯敏斯特教堂的自然科学家，那时国葬于威斯敏斯特教堂这种殊荣是留给王公贵族的。牛顿还是继培根爵士之后第二位被授封爵士科学家。英格兰当时一位伟大的诗人*蒲柏*[101]*为牛顿写了著名的墓志铭*：

> **EPITAPH FOR SIR ISAAC NEWTON**
>
> *Nature and nature's laws lay hid in night;*
>
> *God said, "Let Newton be!" and all was light*[102] *!*
>
> ---Alexander Pope

威斯敏斯特教堂设有牛顿的墓龛。墓龛中，白色大理石基座的中段刻有拉丁铭文[103]，基座托起石棺，石棺中央的浮雕描述了男孩们在使用望远镜和棱镜等仪器，石棺上方为牛顿坐卧姿态的雕像，他的右肘支靠在他的四本杰作上，他的左手指向一幅由两个有翼男

---

[100] 2005年英国皇家学会调查表示牛顿比爱因斯坦作出了较大的整体贡献。

[101] 《达芬奇密码》基于牛顿爵士葬礼和Pope（蒲柏的英文是Pope，而Pope单词是罗马教皇）构思出一精彩情节。

[102] 自然和自然的法则隐藏在黑夜中；上帝说，"让牛顿出世吧"！于是一切豁然开朗！

[103] 英译文：Here is buried Isaac Newton, Knight, who by a strength of mind almost divine, and mathematical principles peculiarly his own, explored the course and figures of the planets, the paths of comets, the tides of the sea, the dissimilarities in rays of light, and, what no other scholar has previously imagined, the properties of the colours thus produced. Diligent, sagacious and faithful, in his expositions of nature, antiquity and the holy Scriptures, he vindicated by his philosophy the majesty of God mighty and good, and expressed the simplicity of the Gospel in his manners. Mortals rejoice that there has existed such and so great an ornament of the human race! He was born on 25 December 1642, and died on 20 March 1726.

孩握持的卷轴，卷面显示一数学图案，背景是一座金字塔，塔上是一个天球仪，球面上有黄道十二宫和相关星座、以及1680年彗星的路径，球顶上一位天文学家斜卧倾靠在一本书上[104]。

图 62 *威斯敏斯特教堂的牛顿墓龛*

---

[104] 那天文学家是谁？据信是司天文学与占星术的缪斯女神乌剌尼亚（Urania），宙斯的大女儿。

> **牛顿墓基座上的铭文**
>
> 此地安葬的是艾萨克·牛顿爵士，他用近乎神圣的心智和独具特色的数学原理，探索出行星的路径和形状、彗星的轨迹、海洋的潮汐、不同颜色光束的不同频谱和由此而产生的其他学者以前所未能想像到的颜色的特性。以他在研究自然、古代和圣经中的勤奋、睿智和信念，他依据自己的哲学证明了至尊上帝的万能和美好，并以其个人的方式表述了福音书的简明至理。人们为此欣喜：人类历史上曾出现如此辉煌的荣耀。他生于 1642 年 12 月 25 日，卒于 1726 年 3 月 20 日。

在人们还相信神迹的时代，牛顿仅用几个永恒的物理定律建立了一个石破天惊的自然系统的理论框架，据此你能精确预言太阳、月球和行星穿越天穹的轨道。他的万有引力定律定量地描述了宇宙中万物是如何互相联系在一起的，统合了天上地面的万物运动，被胡克称为"创世纪以来最伟大的成果"。莱布尼茨说："在从世界开始到牛顿生活的时代的全部数学中，牛顿的工作超过了一半"。拉格朗日评价牛顿是最伟大的天才，是"最幸运的人，因为我们无法再找到另一个世界系统来建立"[105]。爱因斯坦说："在人类的历史上，能够结合物理实验、数学理论、机械发明成为科学艺术的人，只有一位，那就是牛顿"。牛顿"使数学的光辉照亮了笼罩在假设与猜想的黑暗中的科学"。

牛顿受人类永恒敬仰。牛顿是物理学家、数学家、天文学家、神学家和炼金术士，他不仅为科学实践创造了理论框架，他对自然界的理解还深刻地影响了理性思维的历史。如不朽的《雅典学院》绘画所示，牛顿、爱因斯坦等人类文明的伟大创造者将彪炳千秋、与日月同辉！

---

[105] "the most fortunate, for we cannot find more than once a system of the world to establish."

## 2.11　牛顿的成功之道

"*自然哲学就是发现自然的架构和运作，然后尽可能简化它们成一般规则或定律，即通过观测和实验建立这些一般规则，进一步演绎事物的因果关系*"[106]。

关于《自然哲学数学原理》书名，牛顿写道：*力学将是一门定量研究力所引起的运动，和运动所需要的力的科学，因此本书被命名为自然哲学数学原理，因为自然哲学的一切难题看来都是通过运动现象来研究自然力，再通过这些自然力来解释其它现象*[107]。《数学原理》从各种运动现象归纳出万有引力定律，再用万有引力定律说明各种自然现象。当今难以解释的引力不足现象和宇宙加速膨胀现象分别导致了暗物质和暗能量的研究。

在哥白尼提出日心说后，伽利略发现了木星卫星体系和金星盈亏现象，从而支持了日心说，开普勒观测到行星运行轨道是椭圆。这些挑战了科学家迫切地去发现第一科学原理（如牛顿定律）来逻辑推理、数学解释宇宙现象。

"没有大胆的猜测就没有伟大的发现"---牛顿。牛顿和其他科学家一样，如胡克、波义耳、哈雷和雷恩，相信必定有一组相同规则管控天上和地面（诸如下落苹果）的物体的超距运动。牛顿的研究最终使他提出第一科学原理---万有引力定律，并能数学证明万有引力控制超距运动，由此可解释行星绕太阳的椭圆运动、地球的潮汐运动等等。爱因斯坦的想象力更是登峰造极："逻辑会带你从 A 到

---

[106] "Nature philosophy consists in discovering the frame and operations of nature, and reducing them, as far as may be, to general rules or laws,---establishing these rules by observations and experiments, and thence deducing the causes and effects of things."---Newton

[107] [...] Rational Mechanics will be the science of motions resulting from any forces whatsoever, and of the forces required to produce any motions, accurately proposed and demonstrated [...] And therefore we offer this work as mathematical principles of philosophy. For all the difficulty of philosophy seems to consist in this—from the phenomena of motions to investigate the forces of Nature, and then from these forces to demonstrate the other phenomena [...]

Z；想象力会让你驰骋宇宙"[108]。

牛顿没有为他的万有引力这一超距作用提供任何理由或原因，是一种非机械论。惠更斯和莱布尼茨注意到这与笛卡尔的机械哲学相矛盾[109]，莱布尼茨评论这一超距作用时说："这实际上回到了超自然，更糟的是回到了不可知论，放弃了哲学和理性，给无知与懒惰开了避难所"[110]。

牛顿如何回应的呢？他说："我还未能从现象中发现引力属性的原因，并且我不臆测。凡不能由现象演绎出的，就是臆测[111]。任何臆测…在实验物理中无一席之地。在这哲学下，从现象推断出特定假说[112]，然后通过归纳导出一般规则[113]，正是这种途径，…运动定律和引力定律得以发现。引力的确存在，并按照我们所解释的定律作用，并且引力富裕地用来解释了天体的和海洋的所有运动，这就足够了"[114]。

在《数学原理》再版时牛顿提出了四条规则，作为他的研究方法论。那四条规则如下，其中规则3给出通过观测结果归纳物体性

---

[108] "Logic will get you from A to B. Imagination will take you everywhere".---Einstein
[109] 机械哲学不认可超距作用（action at a distance）
[110] "This is, in effect, to return to occult qualities, and what is even worse, inexplicable ones. One would renounce Philosophy and Reason, opening an asylum for ignorance and laziness."
[111] 旋涡说是臆测吗？
[112] 特定假说如苹果下落和锁定月球是由于同一种引力
[113] 一般规则如万有引力定律
[114] "I have not as yet been able to discover the reason for these properties of gravity from phenomena, and I do not frame hypotheses. For whatever is not deduced from the phenomena must be called a hypothesis; and hypotheses, whether metaphysical or physical, or based on occult qualities, or mechanical, have no place in experimental philosophy. In this philosophy particular propositions are inferred from the phenomena, and afterwards rendered general by induction. Thus it was that the impenetrability, the mobility, and the impulsive force of bodies, and the laws of motion and of gravitation, were discovered. And to us it is enough, that gravity does really exist, and act according to the laws which we have explained, and abundantly serves to account for all the motions of the celestial bodies, and of our sea".

质的方法而规则 4 说明通过实验得出的定律的正确性。

1) 求自然事物之原因时，除了真的且充分的以外，不当再增加其它[115]（We are to admit no more causes of natural things than such as are both true and sufficient to explain their appearances）。

2) 因此必须尽可能将相同的原因给予相同的自然功效[116]（Therefore to the same natural effects we must, as far as possible, assign the same causes）。

3) 物体之属性，倘不能增强亦不能减少，而且为我们所知的一切物体所共有，则必须视之为一切物体所共有之属性[117]（The qualities of bodies, which admit neither intensification nor remission of degrees, and which are found to belong to all bodies within the reach of our experiments, are to be esteemed the universal qualities of all bodies whatsoever）。

4) 在实验物理学内，由现象经归纳而推得的定律，虽然可能的相反假设看似更有理[118]，仍应视之为精确的或很近于真的，当其它现象[119]发生后，那定律或者变得更精确，或者可能成为例外[120]（In experimental philosophy we are to look upon propositions inferred by general induction from phenomena as accurately or very nearly true, not withstanding any contrary hypothesis that may be imagined, till such time as other phenomena occur, by which they may either be made more accurate, or liable to exceptions）。

*牛顿方法论的解读。* 基于规则 1 牛顿不臆测万有引力这一超距

---

[115] 牛顿定律都很简洁
[116] 引力导致苹果下落和月球锁定。
[117] 所有白光是复合光；所有物体有万有引力。
[118] 像日心说与地心说矛盾一样，万有引力定律与基于笛卡尔旋涡说假设的机械哲学相矛盾，而受到猛烈抨击和嘲弄
[119] 如相对论能解释而牛顿引力定律不能解释的现象
[120] 牛顿引力定律成了广义相对论的特例。

作用的原因或机理（爱因斯坦的广义相对论是一种引力理论，解释了超距作用的原因）；牛顿灵感使他猜想苹果下落和月球绕地球运转是由于一种力的相同自然功效，基于规则 2 他寻找驱使苹果下落和月球绕地球运转的同一种力的定律；牛顿发现引力定律适用所知的一切物体，基于规则 3 他发现了万有引力定律；牛顿引力定律是广义相对引力理论在弱引力场和低速条件下的特例，这是规则 4 的一个示例。*暗能量*（dark energy）是当今最大的科学之谜，它的效应要求它有目前难以解释的特性，目前还不知道它是什么，有一种理论是用爱因斯坦的宇宙学常数模拟暗能量，如此能解释许多观测到的自然现象，宇宙学常数被视为目前标准暗能量模型，这也许是基于规则 4。

关于理论和实验的关系，爱因斯坦有评说，"一个理论可以被实验检验，但是实验不可能导致理论的诞生"[121]。不过他的光速不变假设得益于 1887 年的光速不变实验。

牛顿的理论基于实验和观测，其理论大厦稳如金字塔；笛卡尔的机械学说基于漩涡说假设；爱因斯坦的广义相对论基于狭义相对论和引力与惯性力是等效的这两个假设。笛卡尔和爱因斯坦的理论大厦之稳定性危如倒金字塔，前者已倒塌，而后者巍然屹立。

*牛顿成功的因素*。下列因素有助解释为什么诞生出人类最伟大科学家牛顿：
o 好奇的童年。牛顿从小受母家书香熏陶；《自然与艺术之谜》启迪他制作许多奇异小发明。
o 高等教育。牛顿就读于剑桥大学三一学院，那是他的人生分水岭，在那里他读到当时世界最高水平的学术著作，工作在一个远见卓识的学术团队中，遇到如师如父的巴罗，十年寒窗造就十年传奇。近朱者赤、近墨者黑。

---

[121] A theory can be proved by experiment; but no path leads from experiment to the birth of a theory.

- ○ 学术交流与竞争。牛顿站在巨人肩上得以高瞻远瞩；他将别人挖的矿石炼成金戒[122]，或将他人的想法和建议升华为自己的成果；与胡克的竞争激励他从炼金术和神学研究重返科学殿堂，使其数学天赋大显神通，毕竟有尺短寸长。
- ○ 方法论。"柏拉图是我的朋友，亚里士多德是我的朋友，但我最好的朋友是真理"，牛顿相信真知来自观测而不是书本[123]。
- ○ 生活无忧的职位。卢卡斯教授职位使牛顿全神贯注于上帝的思维、实现自我[124]而无后顾之忧。相反胡克始于窘境，曾受雇于波义耳、雷恩等，受制于人，其间中断引力研究8年。

上述成功因素似乎也适用诺奖双杰杨振宁和李政道。"中国物理学之父"吴大猷可誉为他们的巴罗，另外他还开启他们双剑合璧；普林斯顿高等研究院等院校及其顶级学者可誉为他们所倚靠的巨人。

图 63 *吴大猷（中），杨振宁（左）和李政道（右）*。源于台湾《中国时报》

新学科相辅相成，*进化论催生核科学而核科学支持进化论*。进化论预言地球年龄应远大于当时的地球测量年龄，否则地球年龄太短来不及进化，进化论的求真欲望催生着核科学的诞生因为核科学能精确测量地球年龄，而地球年龄的精确测量进一步支持进化论。

---

[122] "Newton...worked with the ore I had dug". "If Flamsteed dug the ore, I made the gold ring".
[123] Newton was driven by the belief that the path to true knowledge lay in making observations rather than reading books.
[124] 自我实现（Self-actualized）位于马斯洛的需求层次顶层。

1858年达尔文和华莱士共同提出进化论，而开尔文勋爵基于热力学定律推测地球年龄在2到4千万年之间因而认为达尔文进化过程没有足够的时间来实现，这使达尔文寝食不安，他在给华莱士的一封信中道，"有时开尔文勋爵关于地球年龄的推算让我伤透脑筋"。进化论是最伟大的科学发现之一，具有革命性和风险性，后继的核科学认为地球年龄大约在45.4亿年而太阳年龄大约在46亿年，支持了进化论。

图 64 地球的年龄与进化论[125]：若地球年龄小于3亿年，则进化过程没有足够的时间来实现。

如虎添翼的数学和计算机仿真。我们以前知道的第九行星---冥王星（Pluto），在2006年降格为矮行星，从而太阳系中已知行星数量降为八个，然而在2016年科学家使用数学和计算机仿真预测存在第九行星（不是冥王星）；Google人工智能从NASA数据库中发现了距离地球2545光年的行星[126]。

谦受益，满招损。牛顿临终曾言"我不知道这个世界会如何看我，但对我自己而言我仅仅是一个在海边嬉戏的顽童，为时而发现一粒光滑的石子或一片可爱的贝壳而欢喜，而我面前浩大的真理海洋依然尚未揭示"[127]。

---

[125] Evolution Lord Kelvin's "views on the recent age of the world have been for some time one of my sorest troubles" (Darwin to Wallace) • In 1869, Thomson argued that there was not enough time for Darwin's evolution by natural selection.

[126] Artificial Intelligence, NASA Data Used to Discover Eighth Planet Circling Distant Star, Dec 2017

[127] 'I don't know what I may seem to the world, but as to myself, I seem to have been only like a boy playing on the sea-shore and diverting myself in now and

## 2.12 牛顿定律的前瞻

1727 年牛顿走了，他给世界文明留下了不朽的遗产，人们通过牛顿的眼睛理性地审视世界。

"地球在法国像西瓜，在英国像南瓜"。1736 年法国一支考察队[128]来到北极测量经线上对应一纬度的弧长，测量结果确实比位于法国的一纬度的弧长长[129]，从而验证了牛顿定律的预测，即地球像南瓜，在两极扁平。

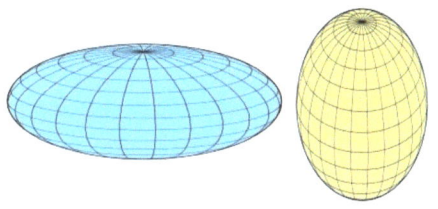

图 65 地球形状的两种假设(Oblate and prolate spheroid), CC BY-SA 4.0

月球是地球的卫星，同时受到太阳和地球的引力，且总是以同一面孔朝向地球。1764 年拉格朗日解决了地球、太阳和月球的三体问题，证明了月球轨道确实遵循牛顿定律，同时解释了月球的朝向现象。

It took the mob only a moment to remove Lavoisier's head; a century will not suffice to reproduce it.

图 66 拉格朗日对法国大革命的评论：他们一眨眼就把拉瓦锡(近代化学之父)的头砍下来，但像他那样的头脑一百年也不足以再长出一个。

---

then finding a smoother pebble or a prettier shell than ordinary, whilst the great ocean of truth lay all undiscovered before me.'
[128] one was sent to Lapland, close to the Arctic Circle, under Swedish physicist Anders Celsius and French mathematician Pierre Maupertuis.
[129] http://highscope.ch.ntu.edu.tw/wordpress/?p=14620

1781年天王星被发现，但其轨道令人迷惑以至怀疑牛顿定律是否适用距太阳如此遥远的行星。基于牛顿定律法国天文学家勒维耶（Le Verrier）预测有一颗未知行星引起天王星轨道的异常。1846年一位天文学家根据*勒维耶预言*，只花了一个小时，就在离勒维耶预言的位置不到1度的地方，发现了一颗新的行星，后来这颗新行星被命名为海王星。发现海王星的那一年，勒维耶35岁，受此成功的激励，勒维耶预测另一颗未知行星影响水星轨道的异常，然而这次运气不佳，让许多天文学家搜寻该未知行星的的心血付诸东流，牛顿力学不能解释的水星轨道异常现象有待爱因斯坦的广义相对论[130]来解释。

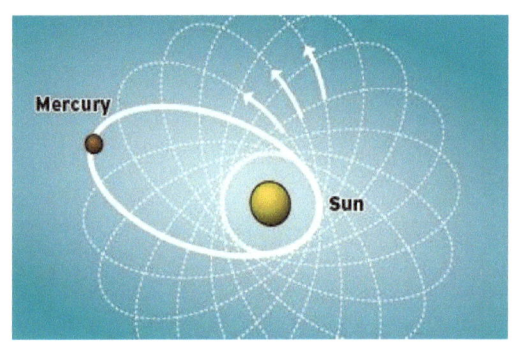

图67 *水星轨道异常*：牛顿轨道（白色）与爱因斯坦轨道（有箭头）[131]

牛顿之后的一个世纪，拉普拉斯在他的《天体力学》中回答了太阳系是否稳定的问题，他表明尽管行星相互之间的万有引力有扰动但太阳系是稳定的，赞叹道：一个个难题的解决成了一次次牛顿定律的欢呼。

*拉普拉斯万物理论*。1814年基于牛顿力学，拉普拉斯洞察到存在一个万物理论（theory of everything）。如果给定任一时刻推动宇宙运动的力和宇宙中所有物体的运动状态，则用一个公式就能确定出每一个物体的未来运动状态[132]。不过后来的海森堡不确定性原

---

[130] https://en.wikipedia.org/wiki/General_relativity
[131] For 100th anniversary of Einstein's theory of relativity
[132] An intellect which at a certain moment would know all forces that set nature in motion, and all positions of all items of which nature is composed, if this

理（Heisenberg's uncertainty principle）意味着这万物理论需要量子理论。

有一则关于*拉普拉斯的轶闻*。约在 1802 年，拿破仑问了一个令人尴尬的问题：为何在《天体力学》中一句也不提上帝，拉普拉斯答：我不需要有上帝的假设；拿破仑将这话告诉拉格朗日，拉格朗日说：这确实是个好结论！它可以解释许多事情。这两位科学大师都是无神论者，但在那个年代他们还须幽默含蓄地表达。

图 68 有上帝吗？

*月球在远离地球*。一天 24 小时是理所当然的吗？或地球自转速度永恒不变吗？非也。地球自转不仅与地球形状有关，还与月球有关。在月球撞击地球前，地球自转较快，之后变慢，据古岩石揭示，大约 14 亿年前，地球上的一天约 18 小时；现在月球在远离地球，按角动量守恒原理，地球自转在变慢，按现在月球远离地球的速度，大约 2 亿年后，地球上的一天约 25 小时[133]。

---

intellect were also vast enough to submit these data to analysis, it would embrace in a single formula the movements of the greatest bodies of the universe and those of the tiniest atom; for such an intellect nothing would be uncertain and the future just like the past would be present before its eyes— Pierre Simon Laplace.

[133] How the Moon may one day give us 25-hour days, June 2018

## 2.13 宇宙观思辨

宇宙是静态的、在收缩、或是在膨胀？在时空上是有限还是无限？*宇宙观*是关于空间和时间及其内容的观点，如地心说和日心说，它始终有着无穷的魅力。

*古代的无限宇宙观*[134]。柏拉图的一位好友如此思考：如果我来到天幕边界，我应能将拐杖伸出幕外，如此我总能穿过无数天幕，因此空间是无限的。现代物理学称空间是有限无边的（space could be finite without having an edge）。这两观点矛盾吗？又设想：当你被吸进黑洞后，你还会遇到天幕吗？黑洞形象地称为宇宙的单向出口，你是有去无回呀！托勒密、哥白尼、开普勒等的宇宙模型意味着宇宙是有限的还是无限的？

图 69 古代的无限宇宙观，CC BY-SA 4.0

按照引力理论，牛顿意识到恒星应该相互吸引，那么它们会一起落到某处去吗？在 1691 年他思辨道：如果只有有限颗恒星分布在一个有限的空间区域里，这确实是会发生的；但是如果存在无限多颗恒星，多少均匀地分布于无限的空间，这种情形就不会发生，因为这时不存在任何一个它们落去的中心点。在一个无限的宇宙，

---

[134] A traveller puts his head under the edge of the firmament in the original (1888) printing of the Flammarion engraving.

每一点都可以认为是中心，因为在它的每一边都有无限颗恒星。

还有人如此思辨：先考虑有限颗恒星的情形，这时所有恒星都相互落到一起，然后在这个区域以外，大体均匀地加上另外的恒星，按照牛顿引力定律，这另外的恒星平均地讲对原先的那些毫无影响，所以这些恒星还是同样快地落到一起；如此类推，对于无限颗恒星的情形，恒星仍然总是坍缩在一起[135]。由于引力总是吸引的，不可能存在一个静态的宇宙模型。

1823年的*奥伯斯悖论*（Olbers' paradox）表明宇宙年龄是有限的。若宇宙是无限静止的和均匀的，则整个天空甚至在夜晚都会像太阳那么明亮。布满天空的远处恒星放出的每一道光线或者抵达我们的眼睛，或者被它所穿过的物质吸收而减弱，这吸光物质将会最终被加热到发出和恒星一样强的光为止，从而黑夜与白天一样亮；避免这不真结论的思辨是：恒星在过去不是永恒那么亮，而是在过去的某个有限时刻才开始发光，这种情况下，吸光物质还没加热至足够高，或者远处恒星的光线尚未到达吸光物质，从而夜空是暗的，因此宇宙不是无限静态的因为恒星不是永恒的[136]。科学家发现了130亿光年之遥的早期宇宙中最明亮的物体[137]。从夜空黑暗浮想联翩到动态宇宙，再到宇宙大爆炸模型，这种异想天开可谓精彩绝伦、妙不可言！

*热寂说*（heat death）意味着宇宙有开始有终止。1850年，热力学第二定律说：没有功的输入，热量决不能自发地从低温物体传到高温物体。虽然这是显而易见的，但是这第二定律有着惊人的推论，它意味着热量不停地从热物体传入冷物体，直到所有物体达到相同温度，换言之整个宇宙将随着时间趋于均匀温度，即宇宙将最终达到热平衡，称热寂，即宇宙终止状态；同时在时间反演上，宇宙温度曾经极高，如大爆炸发生时的极高温，这意味着宇宙有开始。

---

[135] 这不是与前段推论相反吗？孰是孰非？
[136] 那么什么使恒星首次发光呢？
[137] We Just Found The Brightest Object in The Early Universe - 13 Billion Light-Years Away, July 2018

*开尔文勋爵*（Lord Kelvin），热力学之父和热寂说源头[138]，被广为人知是由于他认识到了温度的下限，也就是绝对零度。基于如此的事实：气体温度每降一度，气体体积就减少零度时体积的1/273，他作出了如此的合理推断：在零度以下，气体温度每降一度，气体分子能量就减少1/273，在零下273ºC时，气体分子能量降为零，从而温度不能再降了，即温度下限是-273ºC。开尔文勋爵晚年环顾周围新一代科学家正在开创第二次科学革命---电子、X射线、无线电、光电效应和相对论，恍如隔世、不无遗憾地评定自己55年的科学追求为两字---"失败"。他逝于1907年，标志着经典物理时代的结束。

有了绝对零度，与温度有关的物质的分子能量成了绝对的。你是否想过物体的势能和动能是相对的因为没有绝对静止位置？

1915年广义相对论预言宇宙是非静态，然而爱因斯坦依然肯定宇宙必须是静态的，以至他在其方程中引入一个宇宙学常数项使静态的宇宙成为可能。在哈勃观测到宇宙正在膨胀后，爱因斯坦放弃宇宙学常数，并认为在引力方程中引入该常数是他"一生中最大的错误"。

1929年，哈勃观测到宇宙正在膨胀。这意味着，在早先星体相互之间更加靠近。更有甚者，哈勃的发现暗示存在一个叫做大爆炸的时刻，当时宇宙的尺度无穷小，而且无限致密。似乎在大约137亿年之前的某一时刻，它们刚好在同一地方，所以那时候宇宙的密度无限大。这个发现最终将宇宙开端的问题带进了科学的王国。

不过，如果宇宙有开端，那大爆炸之前是什么呢？或者说如果上帝在大爆炸时创造了宇宙，那上帝在创造宇宙之前做什么呢？如今宇宙学宽广深奥，引人入胜。

---

[138] The hypothesis of heat death stems from the ideas of William Thomson, 1st Baron Kelvin。

## 2.14　科学革命唤起启蒙运动

科学革命铺垫了启蒙运动。既然人们能用理性找到了管理物理世界的自然定律，为什么不用理性来发现管理人性的自然法则呢[139]？在启蒙时代，牛顿定律这一自然法则挑战君权神授论，并成为建立社会契约、完善法律、和成立共和政府的理念。不过自然法则所带来的自然权利也被一些无政府主义者用来挑战既成的社会秩序。

牛顿葬礼时，法国哲学家伏尔泰正流亡在英格兰，他被那里的智慧气氛所激发，于 1734 年在法国出版了《哲学通信》，但立即被查禁了。该书将英格兰描绘成自由、宽容、和理智，而法国是封建、专制、和迷信。它所唤起的社会、经济、和政治的思考成为法国大革命的发酵成分。伏尔泰赞赏孔子，因为孔子不是用宗教狂热和个人崇拜而是用道德来影响别人；他还视当时的中国政治体制为最完美的因为它的文官制度能让下层人民得以晋升为统治阶层。1734 年是中国的清朝雍正时期。

图 70 女神将牛顿洞见传递给伏尔泰[140]

---

[139] If people used reason to find laws that governed the physical world, why not use reason to discover natural laws that govern human nature?
[140] In the frontispiece to Voltaire's book on Newton's philosophy, Émilie du Châtelet appears as Voltaire's muse, reflecting Newton's heavenly insights down to Voltaire.

图中的女神是翻译牛顿《自然哲学数学原理》为法文的沙特莱侯爵夫人，她有言："热爱学习是最必需的激情，那是幸福所在，是良药，是不竭的愉悦之源"[141]。

牛顿的辉煌科学铺垫了洛克的民主哲学，该哲学又点燃了美国的 1776 年独立革命，继之世界革命，最终写进了众多的现代宪法中。洛克言："所有政府都不能为所欲为，牛顿所揭示的自然定律是整个人类的永恒法则"[142]。

1776 年《美国独立宣言》称：人生而平等，并拥有若干与生俱来的权利[143]，包括生命权、自由权和追求幸福的权利，这些真理是不言而喻的。《宣言》起草人杰斐逊曾任美国第三任总统，其生前自行写就的*杰斐逊墓志铭*曰：弗吉尼亚大学之父，美国独立宣言、和弗吉尼亚宗教自由法作者，托马斯·杰斐逊长眠于此[144]。他视其对教育、人权和自由的贡献荣过总统职位。杰斐逊受多名欧洲启蒙思想家的见解影响极深，包括洛克、培根、以及牛顿，杰斐逊称其为"古往今来最伟大的三个人"。年仅 33 岁的杰斐逊起草《美国独立宣言》只用了 17 天。后来他回忆道：他在中学时研读过启蒙著作，但在写《宣言》时没有重读那些著作，《宣言》中的语句像涌泉一样从内心深处喷薄而出。他 200 多年前的总统就职演说[145]，今日读来，仍浮想联翩。他被认为是历任美国总统中智力最高者，在

---

[141] Love of learning is the most necessary passion ... in it lies our happiness. It's a sure remedy for what ails us, an unending source of pleasure.
[142] A government is not free to do as it pleases. The law of nature, as revealed by Newton, stands as an eternal rule to all men.
[143] 来自洛克的《政府论》...that all men are equal, that they are endowed by their creator with certain inalienable rights...---from Locke's Treatise on Government.
[144] HERE WAS BURIED THOMAS JEFFERSON AUTHOR OF THE DECLARATION OF AMERICAN INDEPENDENCE OF THE STATUTE OF VIRGINIA FOR RELIGIOUS FREEDOM AND FATHER OF THE UNIVERSITY OF VIRGINIA
[145] 托马斯-杰斐逊第一任就职演说，First Inaugural Address | The Papers of Thomas Jefferson

1962年一个宴请49位诺贝尔奖得主的晚宴上，肯尼迪总统[146]致词说："我觉得今晚的白宫聚集了最多的天份和人类知识，或许撇开当年杰弗逊独自在这里吃饭的时候不计。"[147]

图 71 杰斐逊[148]纪念馆

美国建国之初，君主制者认为：共和制适合像瑞士般的小国家，不适合美国，并物色欧洲王子任美国国王；共和制者认为：国王是人，不是神，人会犯错，须有制约以防犯错，三权分立是一种制约机制。毕竟智有所不明、神有所不通。

法国国王路易十六说：你们可以有自由新闻、自由贸易、税收改革和土地改革，但是不能和我平起平坐。"洛克，你播撒了邪恶的民主种子，这些种子在巴黎的沃土中拔地而起，你孕育了革命这一

---

[146] Kennedy said, "Ask not what your country can do for you – ask what you can do for your country（不要问你的国家能为你做什么 - 问你能为你的国家做些什么）", and "We choose to go to the moon in this decade…, not because they are easy, but because they are hard…（我们选择在这个十年里登月……不是因为它们很容易，而是因为它们很难）"

[147] "I think this is the most extraordinary collection of talent, of human knowledge, that has ever been gathered at the White House, with the possible exception of when Thomas Jefferson dined alone."

[148] Thomas Jefferson, "When government fears the people, there is liberty. When the people fear the government, there is tyranny."（当政府害怕人民，有自由；当人民害怕政府，有暴政。）

怪物，吞噬了欧洲"[149]。法国人民坚称他们也是生而平等的、拥有与生俱来的权利，在1789年爆发了法国大革命，其重要文献《人权和公民权宣言》宣布自由、财产、安全和反抗压迫是不可剥夺的天赋人权；肯定了言论、信仰、著作和出版自由、阐明了司法、行政、立法三权分立、法律面前人人平等、私有财产神圣不可侵犯等原则；人权是人的属性，是普世的，即在任何时候、任何地方都有效。

  1787年的美国宪法前言非常简洁，只有一句话：我们美国人民，为建立更完善的政府，树立正义，保障国内安宁，提供共同防务，促进公共福利，并使我们自己和后代得享神圣自由的恩赐，特为美国制定本宪法[150]。颇为大处落墨、惜墨如金！

---

[149] "Locke, that sower of evil seed, which quickened in the warm mud of Paris, produced the revolutionary monster that has devoured Europe."
[150] We the People of the United States, in Order to form a more perfect Union, establish Justice, insure domestic Tranquility, provide for the common defence, promote the general Welfare, and secure the Blessings of Liberty to ourselves and our Posterity, do ordain and establish this Constitution for the United States of America.

## 3. 爱因斯坦相对论的出神入化

100 多年前的 1905 年，26 岁的爱因斯坦，时任瑞士专利局电磁发明专利申请的鉴定员，发表了四篇划时代的物理论文，包括光电效应和狭义相对论，并深信会因此获得诺贝尔物理学奖，那一年被称为"爱因斯坦*奇迹年*"。1921 年他因光电效应方面的研究成果而获诺贝尔物理学奖，那时*相对论*仍旧被认为有争议。

图 72 狭义*相对论的惊人预言*：质能互等和孪生佯谬

爱因斯坦的狭义相对论涉及物体趋近光速而产生的效应（effect）如时间膨胀（time dilation）和长度收缩（length contraction），它使独立的两个物理量空间和时间相关，并使质量和能量互等；广义相对论涉及大质量体弯曲时空而产生的效应即引力，它使时空和质能相关；从而实现了牛顿时代以来四个物理量：空间、时间、质量和能量的大统一。

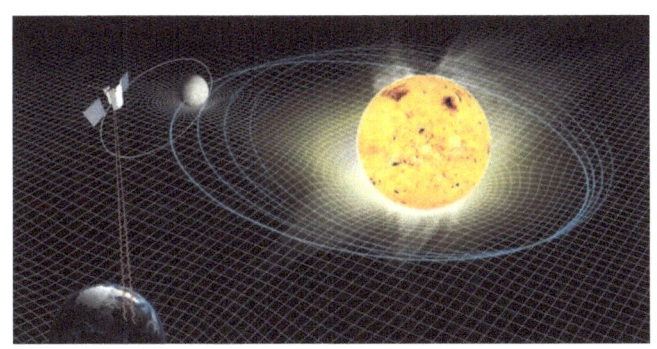

图 73 *广义相对论的精髓*：质能告诉时空如何弯曲，弯曲的时空告诉质能如何运动. **Credits: NASA.**

在上图中，水星的奇怪轨迹不能由牛顿力学解释，而可由广义相对论解释，这使广义相对论声名鹊起。不难想象：太阳质量在失去，因而太阳引力在减弱，导致太阳系的行星轨道在膨胀。你能想方设法测量出太阳质量的损失吗[151]？

　　狭义相对论源于光速不变实验与伽利略变换相矛盾，而广义相对论源于光速极限与牛顿引力定律相矛盾。爱因斯坦通过拍案呼奇的思想实验来演进、解释相对论，不过当时还不能清楚理解那四个物理量是如何联系在一起的。

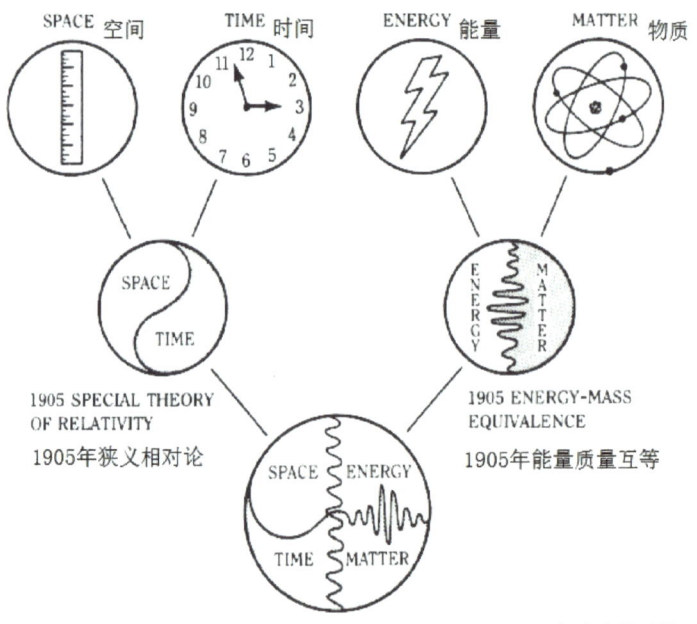

图74 *相对论统合空间、时间、质量和能量*，credit Owais Najam[152]

　　光在狭义相对论中将空间和时间统合为时空，而时空在广义相对论中统合了质能和引力[153]。

---

[151] 科学家通过观察水星轨道的变化，间接测量了太阳质量的损失，NASA Team Studies Middle-aged Sun by Tracking Motion of Mercury, Jan 2018.
[152] https://thebrilliantcosmos.wordpress.com/category/string-theory/
[153] Special Relativity uses light to unify space & time into spacetime， and Generalize Relativity unite matter & gravity through the agency of spacetime.

## 3.1 狭义相对论的佯谬

**1803** 年有实验表明光是波而不是牛顿所说的粒子束。那时科学家认为波需要介质才能传播,例如水波需要水,声波需要空气或水或其它,因此科学家假设光波介质是以太。当时猜想:*以太充满整个宇宙,没有质量,绝对静止,电磁波可在其中传播。*

**1865** 年*麦克斯韦理论*预言:光是电磁波,光波应以某一固定速度传播。为了说清这固定的速度是相对于何物来测量的,物理学家假设:以太是固定不动的、可视为绝对参考性,光速是相对于以太而言的。那么相对于以太运动的不同观测者,按照伽利略变换,应测到不同的光速。

*伽利略变换说*:对任意两个匀速运动物体,如果它们运动同向,则它们的相对速度是两者速度之差;如果运动反向,则相对速度是两者速度之和。例如,你在湖里游泳,湖水静止,湖上一艘船的速度是 10 米/秒,你的速度是 2 米/秒,则同向时你与船的相对速度是 8 米/秒,而反向时相对速度是 12 米/秒。若将湖、船和你对应于以太、光和观测者,则观测者与光反向时测到的光速大于同向时测到的光速。

**1887** 年的光速不变实验。科学家比较了在地球运动方向的光速、以及垂直于此方向的光速,惊奇地发现这两个光速完全一样!随之科学家逐渐抛弃以太假设(因为测不到以太),并开始认可光速各向相同,但这与伽利略变换相矛盾。*伽利略变换与光速不变的矛盾*是千载难逢的呀!就是这矛盾激发了狭义相对论。

**1905** 年爱因斯坦的狭义相对论抛弃了多余的以太假设、化解了恒定光速与伽利略变换间的矛盾(伽利略变换是狭义相对论在日常运动速度情景下的近似)。爱因斯坦意识到伽利略变换实际上是牛顿经典力学中绝对时空观的体现,如果承认"真空光速独立于参考系"(即光速与测量者的匀速直线运动快慢无关)这一实验事实为基本原理,则可以建立起一种不同于牛顿绝对时空观的相对时空观。

狭义相对论始于两个假设:狭义相对性原理和*光速不变*。前者说物理定律在任何惯性参考系（即匀速运动参考性）中是相同的；后者说在所有惯性参考系中，真空中的光速恒定，与惯性参考系运动无关。这两个简洁的假设有一些惊人的预言：最著名的是 e＝mc²（其中 e 是能量，m 是质量，c 是光速）；光速是极限；时间膨胀；长度收缩；质量随速度增大而增大[154]等。依此又可进一步推断出孪生佯谬等。所有这些预言已被实验佐证，这些实验大都采用高能加速器中亚原子粒子为验证对象[155]。

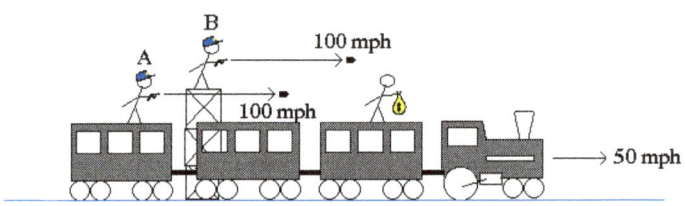

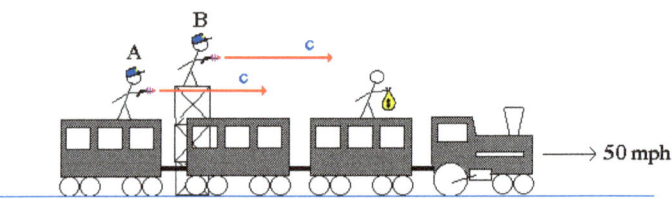

图 75 *伽利略变换和光速不变导致同一枪击事件有不同后果*。顶图表示按伽利略变换，打击盗贼的 A 子弹速度是 100mph 而 B 子弹速度是 100-50=50mph；在底图中，按伽利略变换 A 光束比 B 光束先击中盗贼，而按光速不变原理，A 光束和 B 光束以相同光速同时击中盗贼。

---

[154] As an object moves faster its mass increases. (As measured by a stationary observer).

[155] Bailey et al. (1977) measured the lifetime of positive and negative muons sent around a loop in the CERN Muon storage ring. This experiment confirmed both time dilation and the twin paradox, i.e. the hypothesis that clocks sent away and coming back to their initial position are slowed with respect to a resting clock.

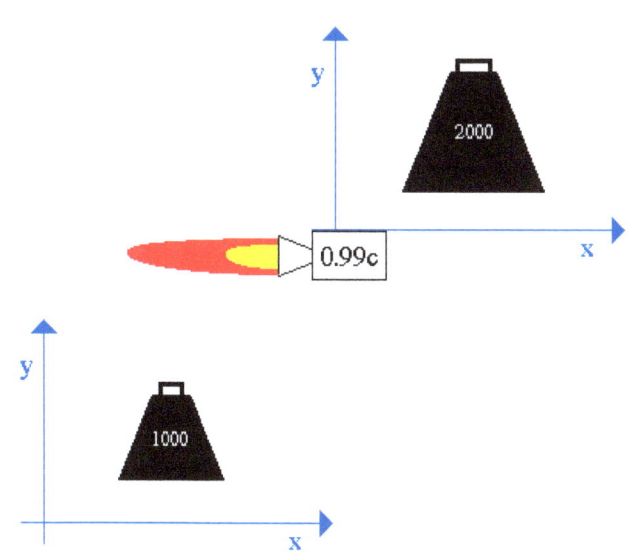

an objects mass increases as it approaches the speed of light

图 76 *质量随速度增大而增大*：当质量为 1000 的物体以 0.99c 的速度运动时，其质量增大到 2000

*牛顿力学允许速度无限*。质量为 m 的粒子在常力 F 作用下，其速度随时间线性增加至无限：v=u + F/m x t 。伽利略相对性原理也允许速度无限：假设速度有极限为 $v_{max}$，则当一物体以 $v_{max}$ 相对惯性坐标系 S1 向右运动，同时 S1 也以 $v_{max}$ 相对惯性坐标系 S2 向右运动，结果按伽利略相对性原理该物体相对 S2 有速度 $2v_{max}$，这与速度极限为 $v_{max}$ 假设矛盾，所以速度无限。这诚如爱因斯坦所言：伽利略变换实际上是牛顿经典力学中绝对时空观的体现。你有办法赶上射出去的光束吗？

上面提到三个原理：伽利略变换，狭义相对性原理和光速不变原理，它们不相容，你会抛弃哪一个？

*佯谬和悖论*的英语都是 paradox。佯谬是指一个命题看上去是错的但实际上是对的，即似非而是，例如孪生佯谬。悖论是指一种导致矛盾的命题，即似是而非，例如*理发师悖论*。有个理发师规定：只给那些不给自己刮脸的人刮脸。那理发师能不能给自己刮脸

83

呢？如果他不给自己刮脸，他就属于"不给自己刮脸的人"，他就要给自己刮脸，而如果他给自己刮脸他又属于"给自己刮脸的人"，他就不该给自己刮脸。即那理发师要给自己刮脸，又不该给自己刮脸，于是产生矛盾，因而该规定是悖论。你能制作出如下视觉悖论（visual paradox）三角体吗？

图 77 视觉悖论三角体（Penrose Triangle）

有人对爱因斯坦说，他站在牛顿肩上，爱因斯坦回答，"不，我站在麦克斯韦肩上"。在爱因斯坦的书房墙上有牛顿、法拉第和麦克斯韦的照片。1879 年麦克斯韦 48 岁时逝于癌症，否则他可能是狭义相对论的提出者。壮志未竟，灵躯先殒，遗恨何极！

 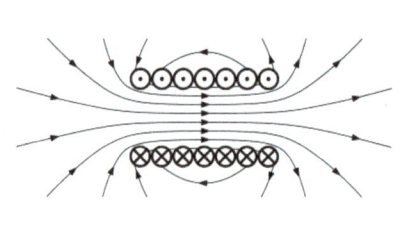

图 78 麦克斯韦方程统合电、磁和光[156]，CC BY-SA 3.0

---

[156] James Clerk Maxwell conceived and developed his unified theory of electricity, magnetism and light. A cornerstone of classical physics, the Theory of Electromagnetism is summarized in four key equations that now bear his name. Maxwell's equations today underpin all modern information and communication technologies.

## 3.2 狭义相对论思想实验

这部分的思想实验是关于时间膨胀和长度收缩[157]，适合于作匀速直线运动的惯性参考系，参考系由观察者、坐标系和时钟构成。

匀速直线运动的观测者总是可以认为自己是静止的[158]。你认同吗？伽利略如此描述这个原则：一艘船在平稳的海面上恒速行驶，在甲板下进行任何实验的观测者无法分辨出船是移动还是静止[159]。

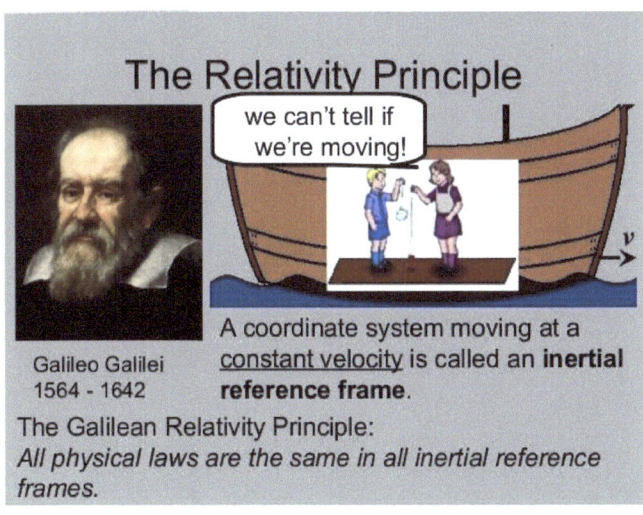

图 79 伽利略相对性原理：所有物理定律在一切惯性参考系中是相同的

---

[157] http://aether.lbl.gov/www/classes/p139/exp/gedanken.html
[158] 反之仍成立乎？
[159] Galileo Galilei first described this principle in 1632 in his Dialogue Concerning the Two Chief World Systems using the example of a ship travelling at constant velocity, without rocking, on a smooth sea; any observer doing experiments below the deck would not be able to tell whether the ship was moving or stationary.

### 3.2.1 光速相同

爱夫人站在田野；爱先生站在速度为 v 的火车上，向前方开着手电筒。他们测量到的光速相同否？

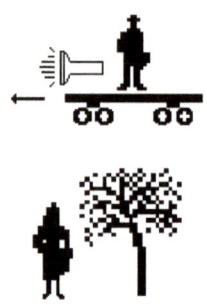

图 80 光速总是相同的

按照光速不变原理，他们测量到的光速相同。也许有人说爱夫人看到那光束以（c+v）的速度（即光速+火车速度）前行，然而真空中测量到的光速总是相同的。

### 3.2.2 时间相同

爱夫人站在田野，有只光钟，光钟的上下面是一片镜子，镜子用来反射光束；爱先生站在静止的火车上，有只和爱夫人一样的光钟。他们测量到的光束完成往返行程所化的时间是否一样？当然一样。

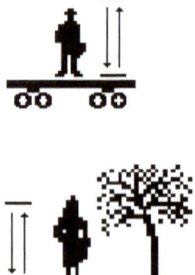

图 81 无相对运动时，时间流逝速度一样

### 3.2.3 时间膨胀

场景和上述思想实验一样，不同的是火车有速度 v。他们测量到的光束完成往返行程所化的时间是否一样？

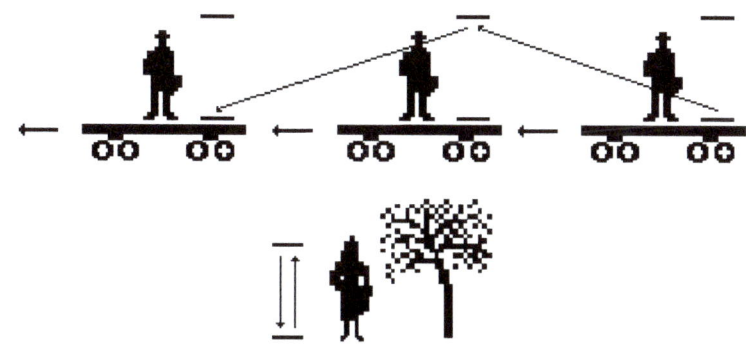

图 82 有相对运动时，同一光束上下运动所花时间不同

爱先生所看到的光束上下运动和上述思想实验中的一样，因此他测量到的光束完成往返行程所化的时间和上述思想实验中的一样；可是爱夫人看到那光束走了两条对角线，两条对角线行程大于纯上下运动行程，而光速相同，因此爱夫人测量到的光束完成两条对角线行程所化的时间大于上一节思想实验中的时间，即爱夫人测量到的光束完成两条对角线行程所化的时间大于爱先生测量到的光束完成上下往返行程所化的时间。

这个思想实验的惊人结论是什么呢？如果一个人相对于你作匀速直线运动，那么他的时间流逝得比你的慢，这现象称为时间膨胀，如下图所示。

上面解释了爱夫人看到爱先生的钟走得慢，你是否想过：如果爱先生看爱夫人的钟，则会如何[160]？如果爱夫人和爱先生看对方的钟都走得慢，那么究竟如何解释孪生佯谬[161]？

---

[160] 爱先生看爱夫人的钟走得慢，**Kip Thorne - What is Space-Time? - YouTube**.

[161] one twin stays in a an inertial reference frame, while the other doesn't. The twin that stays in an inertial frame ages more.

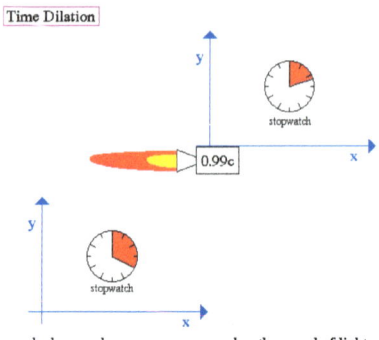

图 83 *运动时间膨胀*：近似光速火箭上的时钟走得较慢[162]

时间膨胀导致了著名的孪生佯谬，这佯谬竟然得到实验佐证，你的常识能接受孪生佯谬吗[163]？

图 84 *孪生佯谬*：一孪生婴儿在 1997 年以 0.75c 速度飞离地球，在 60 年后的 2057 年返回地球时，由于时间膨胀现象他才 40 岁。

---

[162] t = moving observer's time as measured by the stationary observer whereas to = time measured by stationary observer's clock. ("proper time")
[163] 成书于 16 世纪明朝中叶的《西游记》里面"天上一天，地上一年"显示古人富有想象力。

## 3.2.4 长度收缩

爱夫人站在田野；爱先生站在速度是 v 的火车上，有一只光钟在其一侧且平行于运动方向。爱夫人看到的那光钟长度会收缩吗？

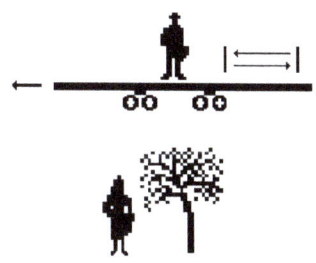

图 85 有相对运动时，运动方向上观测到的长度不一样

通过不复杂的计算可知：爱夫人测量到的光钟长度比爱先生的小。若爱先生测量到的长度是 1 米，则爱夫人测量到的长度小于 1 米。

这个思想实验的惊人结论是什么呢？如果一个物体相对于你作平行的匀速直线运动，那么你会观测到它的尺寸在它的运动方向上缩短，这现象称为长度收缩，如图所示。

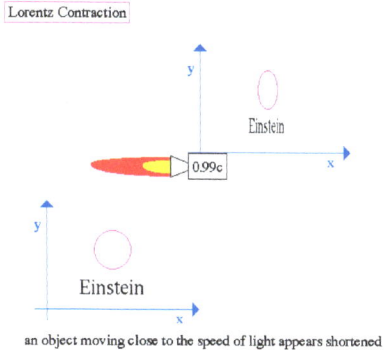

图 86 运动长度收缩：近似光速火箭上的物体变瘦[164]

---

[164] L = Length of moving object as measured by stationary observer whereas Lo = Length of stationary object measured by stationary observer. ("Proper Length"), The World at the Speed of Light. Einstein's Contribution.

你想过物体长度在与运动垂直的方向上会有变化吗？你能在上图中找到答案吗？当下图中棒球速度增大到光速时，其宽度几何？

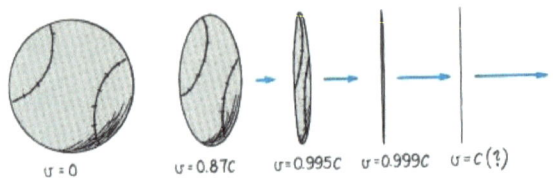

图 87 棒球宽度随速度增大而收缩

时间膨胀和长度收缩意味着：当近似光速火箭上的观测者飞过另一观测者时，对同一事件（**event**），他们测量到的事件时间是不同的；对同一客体（**object**），他们测量到的客体长度是不同的，即*时间和长度是相对的*，而不是绝对的。光速在此起到把时间和空间联系起来的作用，使它们成为相对的。时间膨胀和长度收缩是静止观测者所看到的，而火箭上的观测者未感到异常。在上图中观测者是地球上的人还是随棒球一起运动的照相机[165]？

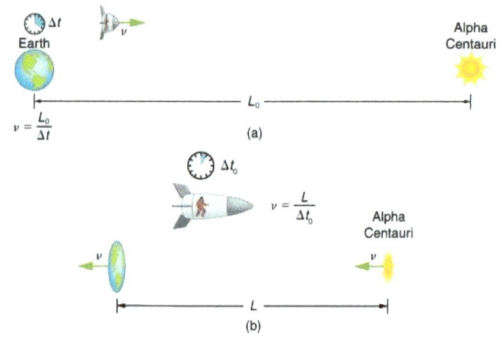

图 88 地球到最近恒星的旅行[166]

地球到最近恒星的距离是 4.3 光年，但当你旅行速度 v=0.9994c 时，你测到的距离却是 0.1433 光年。这对星际旅行意味着什么？

---

[165] 照相机看到的棒球是球形，就像爱先生看光钟无异常而爱夫人看光钟变瘦了。

[166] travels from the Earth to the nearest star system

## 3.3 广义相对论的神来之思

牛顿描述了引力,但无法解释它的原理。关于引力作用的原理,牛顿百思不解后寄希望于后人,他道:"一个物体可以不需要任何介质、穿过真空作用于远处另一个物体,…对于我来说,是如此的荒谬以致我相信,任何有足够的哲学思维能力的人都不会满足于此"[167]。如果你跳伞,那么下方的地球怎么知道要吸引上方的你[168]?这引力原理之谜的解释,等了200年才有了爱因斯坦亘古未有、开天辟地般的广义相对论。

爱因斯坦的广义*相对论解释了牛顿未解的超距作用之谜*[169]。广义相对论指出:物质弯曲时空,这弯曲效应像电磁波一样以光速传播,从而改变其它物体的测地线行为[170],这种改变以引力呈现。太阳确定了周围时空的曲率,迫使地球按曲率沿最短路径绕太阳运行,这运动看起来就好像是由于太阳对地球的吸引力造成的,即*看似引力的后果实际上是弯曲时空的后果*[171]。越远离太阳,曲率越

---

[167] "I have not as yet been able to discover the reason for these properties of gravity from phenomena, and I do not frame hypotheses. That one body may act upon another at a distance through a vacuum without the mediation of anything else, by and through which their action and force may be conveyed from one another, is to me so great an absurdity that, I believe, no man who has in philosophic matters a competent faculty of thinking could ever fall into it."

[168] If you step off the top of a cliff, how does the Earth down there 'know' you are up there for it to attract you?

[169] How does general relativity eliminate the Newtonian action at a distance? This problem has been resolved by Einstein's theory of general relativity in which gravitational interaction is mediated by deformation of space-time geometry. Matter warps the geometry of space-time and these effects are, as with electric and magnetic fields, propagated at the speed of light.

[170] a geodesic is a generalization of the notion of a "straight line" to "curved spaces", denoting the shortest possible line between two points on a sphere or other curved surface.

[171] what seems to be the result of gravity is really the result of curved spacetime.

小，或引力越小，这引力分布就是一个*引力场*[172]。由此像电磁场解释电磁力超距作用一样，引力场解释了引力超距作用，不过电磁力通过光子传递而引力通过假设的引力子传递。广义相对论的所有预测都得到了观测和实验支持，是迄今最好的引力理论。

为帮助理解广义相对论，设想你踏进蹦床或席梦思，你的身体质量就改变了后者的形状，当你放一球在蹦床上时，该球滚向你脚部，这相当于你身体质量吸引球；你越重，蹦床变形越大，球越易滚向你脚部，这相当于你身体质量越大对球的吸引力就越大；蹦床的变形传播速度，或引力传播速度就是光速。

图89 广义相对论解释了牛顿的未解之谜[173]：太阳质量引起时空弯曲，在地球和探测器之间传输的无线电信号（绿色的波）沿弯曲所确定的最短路径运动而延迟。

上图表示在地球和探测器之间传输的无线电信号（绿色的波）因为太阳质量造成的时空弯曲（蓝色的线）而延迟，从而旁证了广

---

[172] A gravitational field tells us the strength of gravity at different points in space.
[173] High-precision test of general relativity by the Cassini space probe (artist's impression): radio signals sent between the Earth and the probe (green wave) are delayed by the warping of spacetime (blue lines) due to the Sun's mass.

义相对论。那探测器就是*卡西尼航天器*（Cassini spacecraft），它的 13 年飞行探测，使我们对太阳系的理解有了质的飞跃，考虑到航天器燃料日益减少和防止地球微生物可能污染土星，美国宇航局在 2017 年 9 月 15 日将其熔毁，令许多与之朝夕相处多年的科学家不胜伤感。

广义相对论源于*牛顿引力传递速度无限与光速极限之间的矛盾*。光速是极限，是狭义相对论的结论之一，然而这一结论和牛顿引力定律不协调。牛顿引力定律说，物体之间的吸引力依赖于它们之间的距离和质量，与时间无关，这意味着：如果你移动一个物体，另一物体所受的力就会立即改变，换言之，引力效应必须以无限速度来传递，而不像狭义相对论所要求的那样，传递速度只能等于或低于光速。

在狭义相对论提出 10 年后的 1915 年爱因斯坦终于提出了广义相对论，一种与狭义相对论相协调的（引力速度为光速）、用几何语言描述的引力理论。广义相对论基于狭义相对论、和引力质量与惯性质量等效的假设。这等效性假设预言出光经过引力场时会弯曲，这在 1919 年由一次日食观测结果所证实；有了广义相对论，水星的异常轨道得到了解释，全球定位系统工作准确，你还可以预测星体命运等等。

爱因斯坦还预言有*引力波*。非常类似扔一石于水池中从而水涟漪从其源向四周传播，质量改变引起空间涟漪，这空间涟漪以光速从其源向四面八方传播，传播中空间涟漪压缩伸展空间，这空间的伸缩称为引力波。

2003 年 1 月 8 日首次测量了引力的速度，表明它确实以光的速度行进。假设引力以光的速度行进那就意味着：*如果太阳突然消失*，地球会继续留在轨道上约 8 分钟，即光线从太阳行到地球所花费的时间；然后在没有引力情况下，地球将沿切线飞离。

2016 年 2 月 11 日科学家宣称人类于 2015 年 9 月 14 日首次探测到了引力波。引力波（场）是否受电磁波（场）的启发？

## 3.4 广义相对论思想实验

### 3.4.1 等效原理

等效原理（Principle of Equivalence）假设引力质量与惯性质量是等效的，或者说*引力场*中感受到的引力等效于由于加速度而感受到的惯性力，或者说所有物体在引力场中都以相同的方式落下，例如在真空中从相同高度落下的锤子和羽毛将同时撞击地面[174]。广义相对论依赖这假设，如果你找到一种材料，其引力质量与惯性质量不同，则广义相对论被推翻；否则广义相对论是一个好理论因为假设少。

设想有两个封闭的电梯，一个停在地面，另一个在太空以重力加速度作向上匀加速运动。电梯中的观测者手持一苹果，他感到自身和苹果都有重量，可他无法判断这感觉的原因是引力还是惯性力；如果水平推开苹果，苹果将作水平抛物运动；不管他做什么实验，都无法区分这两电梯。这实验是否受牛顿苹果故事的启发？牛顿设想作用于苹果的力和作用于月球的力都属于万有引力，而电梯中观测者无法区分苹果所受的力是引力还是惯性力，即引力场中感受到的引力等效于由于加速度而感受到的惯性力，即引力=惯性力。

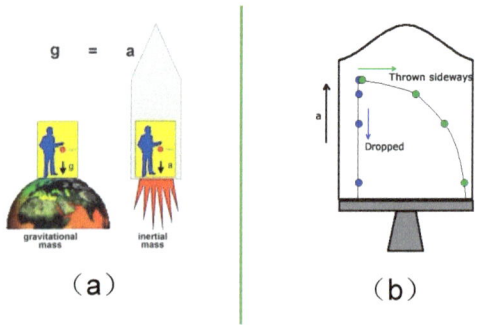

（a） （b）

图90 无法区分静止电梯与在太空以重力加速度向上运动的电梯的不同：$m_g=m_i$

---

[174] Einstein was sure that all objects fall in the same way in a gravitational field, irrespective of their own gravity. It's called the equivalence principle, ...for example, a hammer and a feather dropped from the same height in a vacuum will hit the ground at the same time;

再设想你在封闭的电梯里自由下落，如你手持一苹果，则你会发现你浮在半空，即你和地板不接触，你也不会感到苹果有重量；然后释放手中的苹果，苹果会如何运动呢？苹果不升也不降，和你手同行，即苹果与你的手没有相对运动；如你推开苹果，它会作匀速直线运动。所有这些意味着你、苹果、电梯和地板具有相同的加速度。这和宇航员在太空站所体验的一样，或者说你无法判断你在自由下落的电梯里还是在太空站里，在这实验中感受到的引力和惯性力是零[175]。

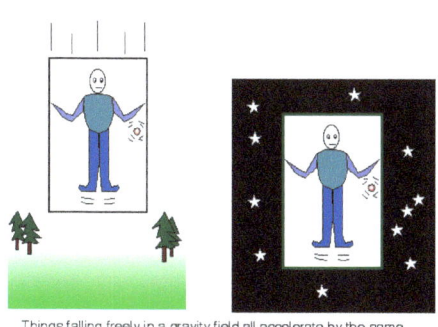

图91 无法区分自由下落电梯与太空中无引力电梯的不同

这部分的等效原理思想实验演示了引力质量与惯性质量是等效的（$m_g = m_i$），或者说引力场中感受到的引力等效于由于加速度而感受到的惯性力。你觉得这理所当然吗？也许你必须先知道这两个质量是如何定义的。惯性质量 $m_i$ 是物体对运动变化的抗力的度量而引力质量 $m_g$ 是物体对引力的响应的度量[176]。有多少人在学或教的时候区分 $m_g$ 与 $m_i$？

---

[175] if an elevator is falling freely toward the ground because of gravity, an occupant inside will feel weightless just as if the elevator was far away from any planet, moon, or star. No experiment would help you distinguish between being weightless far out in space and being in free-fall in a gravitational field.

[176] *inertial mass* is a measure of an object's resistance to changes in movement (F=ma) whereas *gravitational mass* is a measure of an object's response to gravitational attraction (F=GMm/r$^2$).

### 3.4.2 光在引力场中的弯曲

**等效原理预言引力弯曲光。**等效原理简单而且符合常识，可它有许多奇异的预言，例如*光弯曲*。光没有（静止）质量，按照牛顿万有引力定律，光应该不受引力的影响，因此牛顿引力定律不能解释光经过太阳附近时会弯曲的现象。

设想有个电梯在太空中向上作匀加速运动，有一光子水平进入。电梯外的观察者看到：那光子作水平匀速直线运动，而电梯作向上匀加速运动；对于电梯内的观察者：光子看起来沿下降的抛物线运动因为地板作向上的匀加速运动。按照等效原理，光在引力场中应该有相同的现象。

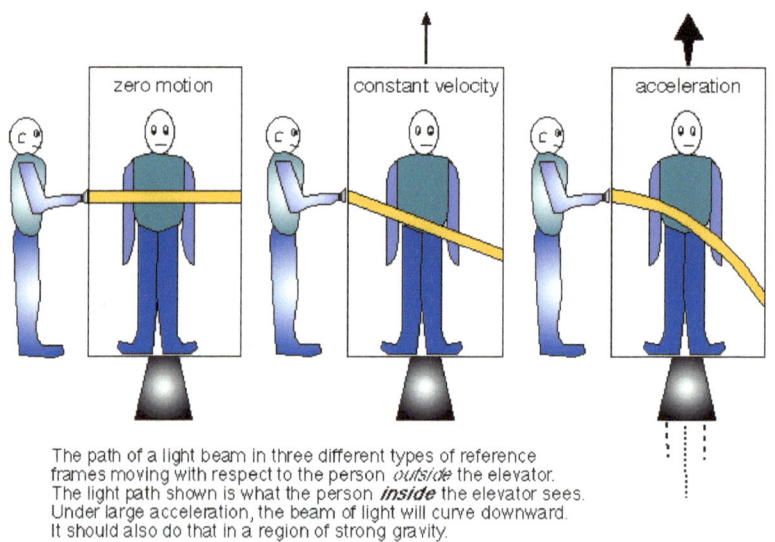

图 92 光弯曲：当电梯以静止、匀速上升、匀加速上升三种状态分别相对于梯外发光束的人运动时，梯内人看到三种光轨迹：水平、向下直线、向下抛物线。

**相对论的*光弯曲*检验。**发表后的广义相对论未受到应有的欣赏，爱因斯坦就鼓励实验物理学家对光弯曲预言作测试检验，许多青年科学家渴望从中建功立业，然而由于各种原因未检验成功，直到 **1919** 年英国天文学家爱丁顿信奉学术自由、排除种种非议（当时英、德两国是敌对国），在日食的条件下，观测到了光在引力场中的弯曲，证实了引力弯曲光的预言，那意味着广义相对论优于牛顿的万有引力定律，爱因斯坦也因此一夜名震环球。下图是显示光弯曲的照片，没有科学审视，它显得平淡无奇，你怎么会意识到它有划时代意义呢？

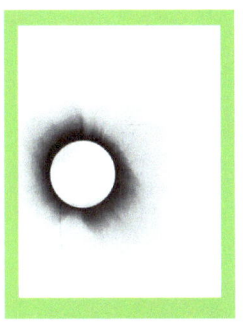

图 93 显示光弯曲的爱丁顿的日蚀照片之一[177]

光在引力场中的弯曲现象演绎出引力透镜现象，那现象使你能观察到遥远的同一个天体的多个成像[178]，它已被观测证实。

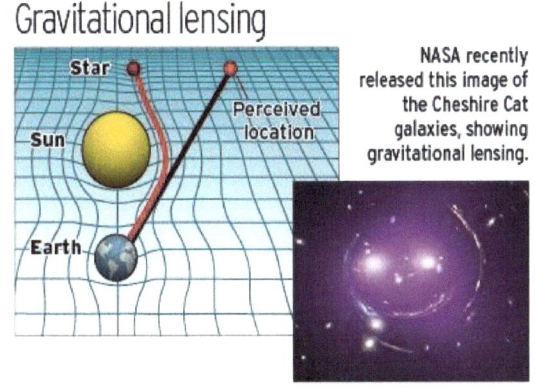

图 94 引力透镜现象

应用*引力透镜现象确定恒星质量*。恒星弯曲在其旁经过的光，不同质量的恒星弯曲光的程度是不同的，基于这原理可确定恒星质量。这是否与曹冲称象殊途同归、有异曲同工之妙？

---

[177] One of Eddington's eclipse photos
[178] 有多少个成像？

### 3.4.3 黑洞像什么

**1796** 年基于牛顿引力定律*拉普拉斯猜想黑洞*：一个直径是太阳的 **250** 多倍而密度像地球的恒星，其引力如此大以致没有光线能逃离它的表面，由于这个原因，我们看不见宇宙中极大的发光天体如果这发光体表面的逃逸速度高于光速。这符合逻辑，但存在否？

广义相对论推导出大质量恒星会终结为黑洞，在黑洞域中时空发生极度的扭曲以至连光都无法逃逸。虽然看不见黑洞，但通过它的效应如绕其运行的恒星的轨迹变化可知其存在。

设想一个天球体的质量不断聚集，其引力就不断增大，在球体上的物体就需要更多的能量达到逃逸速度，即逃逸速度不断增高，当质量聚集到如此大以至逃逸速度高于光速时，即光也不能逃脱时，黑洞就形成了。

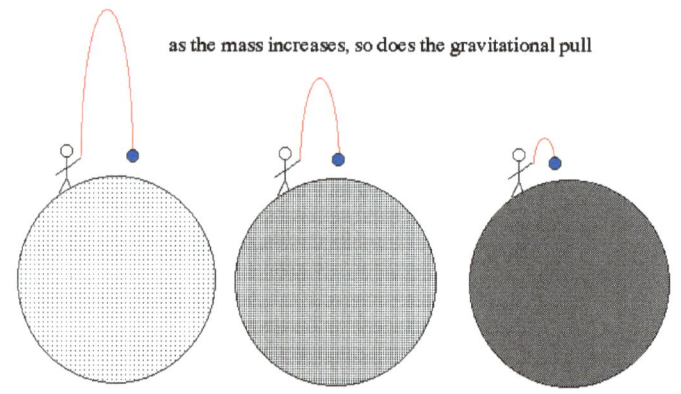

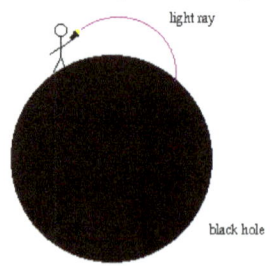

图 95 以逃逸速度高于光速来定义黑洞

逃逸速度是对有质量的物体而言的,光子没有质量,即没有逃逸速度可言,所以*黑洞定义*最好以无穷曲率给出,如下示意图,黑洞结构有两个特征:奇点(singularity)和事件视界(event horizon)。黑洞事件视界在 2017 年得到了又一旁证[179],即广义相对论又通过了一个大考验。黑洞立体结构像啥样?

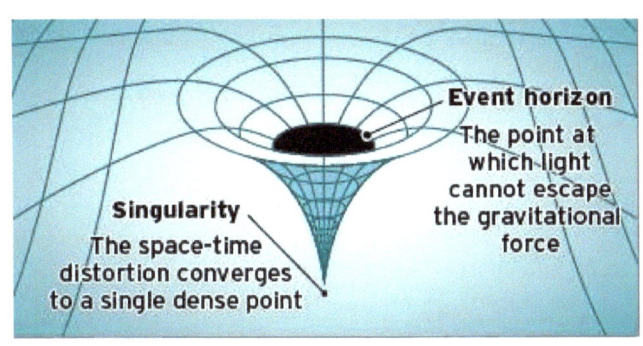

图 96 以结构形状来定义黑洞[180]:奇点是一个体积无限小、密度无限大、引力无限大、时空曲率无限大的点,在这个点目前所知的物理定律无法适用;黑洞附近的逃逸速度大于光速,使得任何光线皆不可能从事件视界内部向外逃逸。

*黑洞是否像宇宙的单向出口*。黑洞是一个有超强引力效应的时空区域,以致没有东西能从中逃逸出去。比太阳大很多倍的大恒星,在其生命结束时坍塌成无穷小的点而形成黑洞[181]。任何质能物体包括光,跨进黑洞边界或事件视界(event horizon)后就有去无回,因此黑洞视为空间的边界,好像宇宙的单向出口。更有不可思议的是:当趋近黑洞事件视界时,时间流逝变慢,而在黑洞事件视界处时间流逝好像冻住了[182],这效应被称为引力时间膨胀(gravitational time dilation,它已在全球定位系统(GPS)中有实

---

[179] Stellar disruption events support the existence of the black hole event horizon,Mon Not R Astron Soc (2017) 468 (1): 910-919.
[180] http://www.ocregister.com/articles/famous-694044-world-first.html
[181] the ultra strong gravitational fields left behind by gigantic stars that collapsed to infinitesimal points
[182] Due to this effect, known as gravitational time dilation, an object falling into a black hole appears to slow as it approaches the event horizon, taking an infinite time to reach it. Thus you can never see something fall into a black hole as time stops at the edge of the black hole.

际应用）[183]。然而广义相对论是一种经典理论，它不考虑量子力学的不确定性原理，量子力学允许能量泄漏出黑洞，或称霍金辐射（Hawking radiation unverified），因此黑洞也许不完全黑，即黑洞也许不是宇宙的单向出口[184]。有一个关于*黑洞活动循环的预测*：盛宴、打嗝和打盹（a cycle of feasting, burping and napping），2018年1月天文观测证实了这一预测[185]。

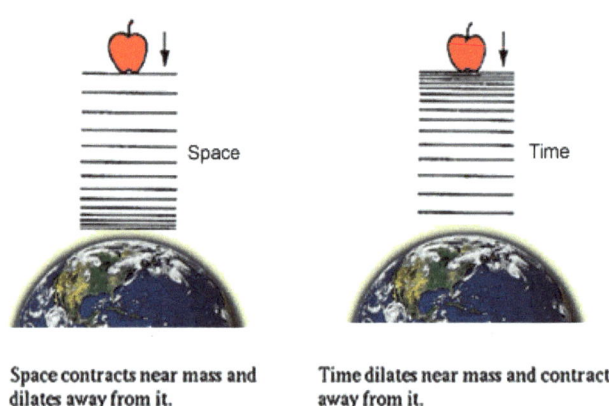

图 97 *引力空间收缩和时间膨胀*：趋近巨大质量如黑洞时空间收缩而时钟变慢[186]

---

[183] 如果在黑洞附近时间冻结，那么会有物体掉入黑洞吗？
[184] However, general relativity is a classical theory and it does not take into account the uncertainty principle of quantum mechanics. Quantum mechanics allows energy to leak out of black holes, and so black holes are not as black as they are painted.
[185] BBC, Huge black hole blasts out 'double burp', 12 January 2018
[186] https://thebrilliantcosmos.wordpress.com/category/string-theory/

## 3.5 引力波预言的证实

2016年2月11日科学家宣称人类于2015年9月14日首次探测到引力波。1916年爱因斯坦基于其相对论预言：引力波存在，但因太弱而检测不到。科学家经过几十年不懈的艰辛努力，终于检测到：由两颗中等黑洞于13亿年前相互旋转后融合而产生的引力波。3位美国科学家因在引力波探测中的贡献而获得2017年物理学诺贝尔奖。

当两个黑洞合并时，所产生的时空曲率变化会像波一样向外传播，导致时空交替伸展和压缩，这个现象就是*引力波*。引力波对物质造成的形状变化非常微小，仅有亚原子量级（约 $10^{-14}$ 米）。当引力波扫过地球时，地球所占据的时空就交替伸展和压缩[187]。

距地球13亿光年之遥的那两颗黑洞，其质量分别为29颗太阳和36颗太阳，融合成了一颗62倍太阳质量的、高速旋转的黑洞，亏损的质量以强大引力波的形式、以光的速度向外辐射释放，经过13亿年的漫长传播，这列"涟漪"在2015年9月14日扫过地球时，被美国的"激光干涉引力波天文台"（Laser Interferometer Gravitational-wave Observatory，简称LIGO）的两台孪生引力波探测器探测到。整个探测过程持续了仅四分之一秒，两台探测器上的"涟漪"信号延迟为7毫秒，这个时间差表明引力波的方位；那引力波造成地球伸缩量约为原子核的宽度（约 $10^{-14}$ 米）[188]。LIGO 的灵敏度极高，相当于当你测量太阳与4.22光年外的比邻星（Proxima Centauri）之间的距离时，测量误差比人头发的宽度还小[189]，因此引力波的探得标志着那LIGO探测科技是何等尖端！

引力波的探得，其意义深远、前途无量，它不仅证实了爱因斯

---

[187] When gravitational waves pass through the Earth, the space and time our planet occupies should alternately stretch and squeeze.
[188] making the entire Earth expand and contract by 1/100,000 of a nanometer, about the width of an atomic nucleus.
[189] equivalent to measuring the distance to Proxima Centauri with an accuracy smaller than the width of a human hair

坦相对论的一个预言，朝引力产生机理又走近了一步，更有甚者，就像400年前伽利略用望远镜开启了现代观测天文学新纪元一样，人类从此长了"耳朵"，能"听"到宇宙大爆炸，并"看"到黑洞的形成，它打开了通往引力波天文学之窗。较电磁波，*引力波特性有许多*，例如它不会被吸收、抵消、屏蔽、变换（transformed）等。

图98 引力波对地球的效应：伸缩地球

美国LIGO又在2015年底、2017年初和2017年8月14日分别测得引力波，最后一次得到了位于意大利的探测器的合作，使引力波的方位信息更准确。

LIGO探测科技被誉为过去几十年的伟大科技突破之一，科学家正在将这种科技从地面移到太空，以便能观测超出地面实验室灵敏度的引力波。2016年6月欧洲航天局（ESA）丽萨探路者（LISA Pathfinder）演示了建立太空引力波探测站所需要的技术，ESA丽萨使命（Lisa Mission）项目预计2034年完成太空LIGO（引力波探测站）。

中国于2016年9月在贵州省建成世界上最大射电望远镜(FAST)来收听肉眼看不到的宇宙射电波，寻找有关宇宙起源的线索和智能生物的迹象。

**2017 年 8 月 17 日第一次测得*中子星引力波*。**不同于黑洞引力波，中子星引力波还伴有壮观的天光---电磁波[190]，因此在未来的岁月里，天体物理学家将使用电磁波和引力波这两个"信使"来了解宇宙[191]。这次观测还有其它意义：电磁波和引力波同时到达地球意味着我们首次确认*引力波以光速传播*，如相对论所预言[192]；电磁数据的分析首次证实了诸如金、铂和铀等重金属源于中子星碰撞；引力波和红移的组合应用而测量到的宇宙年龄，与我们当前的最佳估计值非常接近；很多疑问和奥秘得到了解答，但也提出了新的课题（如暗能量）等待着*多"信使"天文学*[193]的来临。

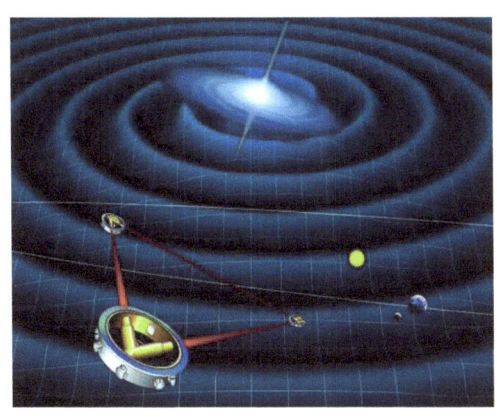

图 99 2034 年的引力波探测科技展望：引力在交谈，LISA 将倾听

---

[190] Merging neutron stars generate gravitational waves and a celestial light show, Oct 2017
[191] Here's What That Huge Gravitational Wave Discovery Really Means For Future Astronomy, Oct 2017
[192] the "speed of gravity" refers to the speed of a gravitational wave, which is the same speed as the speed of light (c) as predicted by General Relativity and confirmed by observation.
[193] multi-messenger astronomy

## 3.6 反常识的相对论

*相对论的反常识概念*。我们的常识可能视哪些相对论概念为不可思议呢？

- o 光速不变。在§3.1 狭义相对论中，伽利略变换和光速不变导致不同枪击后果，我们的常识接受基于伽利略变换的枪击后果而不相信基于光速不变导致的枪击后果。
- o 运动时间膨胀。在§3.2.3 时间膨胀中，近似光速火箭上的时钟走得较慢，这导致孪生佯谬[194]。
- o 长度收缩。在§3.2.4 长度收缩中，近似光速火箭上的物体变瘦，据此星际旅行成为可能。
- o 质量随速度增大而增大，如§3.1 狭义相对论中所述。起初狭义相对论不受重视，到 1909 年可以确定：电子质量随速度而显著增加[195]，这是狭义相对论的一个里程碑认可。
- o 广义相对论预言光弯曲、大爆炸、黑洞和引力波等。
- o 引力时间膨胀[196]，在黑洞附近时间会冻住，如§3.4.3 黑洞像什么中所述。它不同于运动时间膨胀，已在 GPS 中有应用。
- o 广义相对论说：质能告诉时空如何弯曲，时空告诉质能如何运动，如§3.3 广义相对论中所述。这意味着引力不是牛顿所说的那种超距吸引力，而是被质能弯曲了的时空的效果[197]，像惯性力一样是一种假想虚拟力[198]。

这些概念都获得了粒子加速实验或天文观测的支持。

*广义相对论的日常应用*。当你在使用 GPS 时，24 个卫星广播无线电信号，你手机或车辆上的 GPS 接收器分析至少 4 个卫星的信号，并用相对论计算出你的 3 维位置（纬度，经度和高度）。基

---

[194] Hafele–Keating experiment-Kinematic time dilation
[195] By 1909 it had been established that the mass of electrons increased significantly with their speed.
[196] Hafele–Keating experiment- Gravitational time dilation
[197] what we perceive as the force of gravity in fact arises from the curvature of space and time.
[198] Gravitational force would be a fictitious force based upon a field model in which particles distort spacetime due to their mass.

于运动时间膨胀，卫星时钟较地球时钟每天慢 7 微秒（1 微秒=$10^{-6}$ 秒），而基于引力时间膨胀，卫星时钟较地球时钟每天快 45 微秒[199]。基于相对论的 GPS 是相当准确的，10 年累积误差仅 5 米，而基于牛顿引力理论的 GPS 是差之毫厘谬以千里[200]。

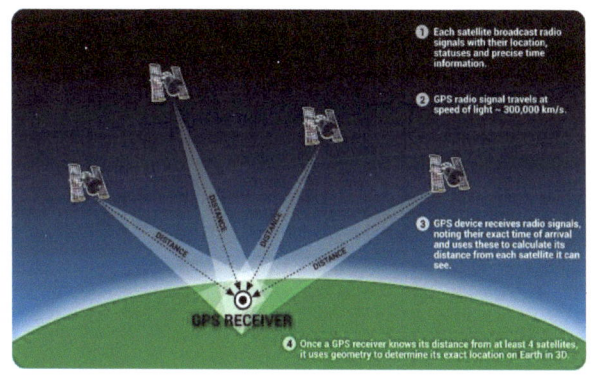

图 100 广义相对论的应用：GPS 定位原理，Google Images

量子引力理论致力于统一广义相对论和量子力学，量子力学也是反常识的，不管量子引力理论是否会成功，常识在今天的万物理论中很难有立锥之地了。那么在物理学中常识还有用武之地吗？它可用于远小于光速的运动分析，如苹果和行星运动分析；而当接近光速或黑洞时，它鞭长莫及，只能拱手让位给相对论了。

*相对论从哪里来?* 爱因斯坦说：相对论产生于必要性，产生于旧理论中固有的无法调和的本质性矛盾；相对论使用了很少的非常有说服力的假设，一致地、简洁地解决所有这些矛盾，这一致性和简洁性是相对论的优势所在[201]。伽利略变换与光速不变的矛盾导致

---

[199] Special Relativity predicts that the on-board atomic clocks on the satellites should fall behind clocks on the ground by about 7 microseconds per day and General Relativity predicts that the clocks in each GPS satellite should get ahead of ground-based clocks by 45 microseconds per day.
[200] GPSs work to within five metres in ten years. If General Relativity were false, then GPSs would be wrong by about 50 metres per day.
[201] "The relativity theory arose from necessity, from serious and deep contradictions in the old theory from which there seemed no escape. The strength of the new theory lies in the consistency and simplicity with which it solves all these difficulties, using only a few very convincing assumptions"

狭义相对论（详见§3.1 狭义相对论）；牛顿引力传递速度无限快与光速极限的矛盾（详见§3.3 广义相对论）导致广义相对论。

当时认识并挑战牛顿引力传递速度无限快与光速极限相矛盾的大学者是凤毛麟角，即使在今天，广义相对论仍然是科学思想的巅峰之作。据说在广义相对论发表的早期，世界上只有三个人明白之（曲高和寡也），有人对拍摄光弯曲照片的爱丁顿（Eddington）说：您必定是那三个人中的一个，爱丁顿回应：那么那第三位是谁呢[202]？

*广义相对论通过黑洞测试*[203]。通过观测银河系中心一颗巨大黑洞附近的一组恒星，科学家第一次证实了广义相对论的一关键预测---"引力红移"现象，这现象的预测和解释是牛顿引力定律不可企及的。这测试还揭示黑洞物理，提供另有洞天、推陈出新的机遇，和完善天然黑洞实验室。观测恒星绕银河星系中心黑洞的轨迹是很有挑战的，该黑洞距地球有 26000 光年之遥，今天所测得的信号是 26000 年前放射出的，沿途更有山重水复、尘云弥漫，这部分解释为什么以前没有观测到引力红移现象。

*相对论是真的吗*[204]？相对论经受了 100 多年的无情考验，大量的实验结果都是与相对论一致的，大多数科学家都认为相对论在描述现实时极其准确，是迄今最好的引力理论，但是无法证明相对论是真的，这状态是与牛顿四规则方法论的规则 4 一致的。在相对论之前，牛顿引力理论是最好的，但无法证明其是真，现在我们知道牛顿引力理论是广义相对论在低速弱引力下的特例，也许将来出现某些极端情况以致广义相对论也不适用。广义相对论尚不能解释质量如何弯曲时空，且与量子理论有不相容领域。

1 2 3 4 5 6 7 8 9 10 11 12？下一个号码是什么[205]？ 依赖于情景！

---

[202] "I was wondering who the third one might be!"
[203] Einstein theory passes black hole test, July 2018
[204] Have General Relativity and Special Relativity been proven?
[205] 你说 13，也可以是 1，12 月份之后是 1 月份。

## 3.7 质能方程适用光子吗

质能方程 E = mc² 中的 E、m 和 c 分别表示物体的能量、相对论质量[206]和真空光速。它是狭义相对论中最著名的方程，表示质量和能量是同一物理实体（entity）的两种不同形式，或者说质量和能量是同一硬币的两个面[207]，并且可以相互转化，例如太阳的氢核聚变为氦时释放出能量成为太阳光能。但质能方程不适用光子。

在狭义相对论之前，质量和能量是两个不同物理量（distinct entities），并且静止物体的动能值是相对的[208]，动量（momentum）是质量和速度的乘积因而正比于速度。但在相对论中，质量随速度而增加，因此动量不正比于速度。

在狭义相对论中，速度为 v 的低速运动物体的能量是，

$$E = mc^2 = \frac{m_0 c^2}{\sqrt{1-\frac{v^2}{c^2}}} = m_0 c^2 + m_0 v^2/2 + ...$$

其中 $m_0$ 是物体的静质量。它表示：运动物体的能量是静物体的能量 $m_0 c^2$，加上其动能 $m_0 v^2/2$ 等。当 v 为零时，其能量就是静物体的能量 $m_0 c^2$。这能量依旧是相对的吗？

光子的静质量是零，但有能量因为有运动，那么如何表示其能量呢？可用如下适用静质量和光子的质能方程，

$$E^2 = p^2 c^2 + m_0^2 c^4$$

其中 p 是动量。当 v 为零时，物体动量 p 是零，其能量就是静物体的能量 $E = m_0 c^2$。当应用于光子时，$m_0 = 0$，光子能量就是 E=pc。物理学家将尝试变光为物质[209]。

---

[206] relativistic mass, which grows infinitely as the object approaches the speed of light
[207] energy and matter are two sides of the same coin.
[208] 因为静止是相对的。
[209] Physicists Are About to Attempt The 'Impossible' - Turning Light Into Matter, March 2018

## 3.8 广义相对论与牛顿引力定律相容吗

广义相对论*场方程与牛顿引力理论相容*。牛顿引力定律和广义相对论都是引力理论，且今天依然各有应用领域，那么它们之间有联系吗？牛顿引力定律是广义相对论的近似，而广义相对论场方程系数的确定与牛顿引力定律相容，它们并行不悖。

通过弱引力场近似和慢速近似，广义相对论场方程退化为牛顿引力定律；而场方程中的比例常数的取值依赖于拥有大量实验和观测支持的牛顿引力理论，即场方程中的比例常数是如此取值以至经过那两个近似以后广义相对论场方程与牛顿引力理论相容[210]。

不似相对论高奇深邃，牛顿引力定律能高精度地描述苹果下落运动和行星绕太阳的轨道运动，并且其数学公式比那场方程简洁明了得多，因此我们继续使用牛顿引力定律于日常工程问题。但是全球定位系统涉及光速，而黑洞有强引力场，这两者必须依赖广义相对论。

尽管爱因斯坦的相对论是何等神奇，但他谦逊道："不要想入非非，认为相对论或另一理论会轻易取代牛顿的伟大成就。牛顿的伟大而明了的定律是现代科技的基石而将永存"[211]。

图 101 从牛顿到爱因斯坦

---

[210] Einstein field equations (EFE) reduce to Newton's law of gravity by using both the weak-field approximation and the slow-motion approximation. In fact, the constant G appearing in the EFE is determined by making these two approximations.

[211] "Let no one suppose, however, that the mighty work of Newton can easily be superseded by Relativity or any other theory. His great and lucid ideas will retain their unique significance for all time as the foundation of our whole modern conceptual structure in the sphere of natural philosophy".

## 3.9 时空是抽象的还是具体的

抽象意思是存在于思想中（abstract：existing in thought），而具体指以物质或物理形式存在于思想外、可触碰的（concrete：existing in a material or physical form as opposed to the mind, tangible）。光子无静止质量然而是可触碰的，是具体的。时间和空间是相对论的核心，看似平淡无奇，实则深不可测，迄今科学界对下述问题依然困惑不解，仍然在孜孜不倦地探索[212]。

- 时空（space-time）是抽象的数学模型还是可检测的物体（physical entity）？
- 若时空是抽象的，怎么会被质能弯曲并能告诉或影响质能如何运动？宇宙怎么有形状？空间怎么在膨胀？
- 引起*时空弯曲的机理*是什么[213]？我们还不能确定*引力子*是否存在，如果有一天能确定它存在，那么引力子将成为导致时空弯曲的机理。
- 大爆炸前时间和空间是啥样的？霍金认为大爆炸前没有时间和空间[214]。

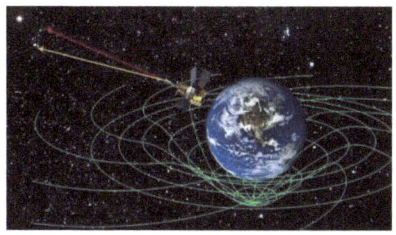

图 102 GP-B 卫星在被地球旋转质量扭曲的时空中绕地球轨道运行[215]

---

[212] Probing the spacetime fabric: from concepts to phenomenology: The conference is aimed at combining different perspectives on how to test the fundamental structure of spacetime, July 2017
[213] To date, there is no explanation of the mechanism of how mass can curve spacetime. This raises the question: Is spacetime curved by Mass? This explanation is validated by experiment but does not answer why…or by Volume?
[214] What Existed Before the Big Bang - Stephen Hawking, March 2018
[215] NASA announces results of epic space time experiment.

### 3.9.1 时空和光锥

*时空有 4 维*，3 维给空间中的一个位置而 1 维给时间中的一个位置，过去和将来的事件可用 4 维中的一个点来表示，事件是在时空中某一点瞬间发生的某事（An event is something that happens instantaneously at a single point in spacetime）。你走路时在时空中移动，你坐下时依然在时空中移动因为时间在流逝，即你在时空的时间维上前行。当你在时空的时间维上前行时，你在体验、经历*时间*。3 维时空可表示某平面上过去和将来的事件。

*宇宙以外是什么*[216]？如果宇宙源于大爆炸，且在持续膨胀，则宇宙外侧（outside）是什么？这与宇宙是有限还是无限有关，迄今尚不清楚宇宙的总体大小是有限的还是无限的[217]。如果是无限的，那么宇宙无外缘（edge），即宇宙没有以外；如果是有限的，则宇宙有科学家尚未发现的外缘，即宇宙以外有东西，若如此，由于宇宙外缘太远且在持续膨胀，因此我们永远观测不到那东西。不过如果那东西是真空或物体，为什么它们不属于我们的宇宙？下图给出了 3 种*有限无界的几何面*，它们常用于帮助解释有限无界（finite without boundary）的宇宙[218]。

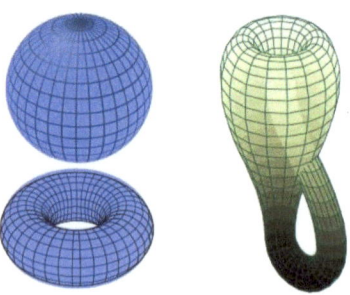

图 103 有限无界的几何面示例，credit wikipedia

*光锥*（Light cone）是通过光速与一事件存在因果联系的所有事件点的集合，在 2 维空间加 1 维时间的时空中的光锥如下图。

---

[216] What is the Universe Expanding Into?
[217] it is unknown whether the size of the Universe in its totality is finite or infinite.
[218] Flat universes that are finite in extent include the torus and Klein bottle.

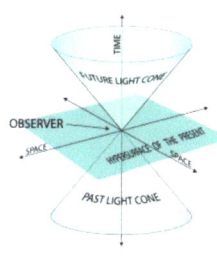

图 104 在 2 维空间加 1 维时间的时空中的光锥

在下图中，光锥内的点表示以小于光速从原点 O 来的某东西例如 A 点是飞行 8 分钟后达到的飞机，光锥面表示从原点 O 来的光抵达的区域例如 B 点是经 8 分钟后达到地球的太阳光，光锥外的域表示从原点 O 来的光抵达不到的区域例如 C 点是量子纠缠般的超光速事件点。

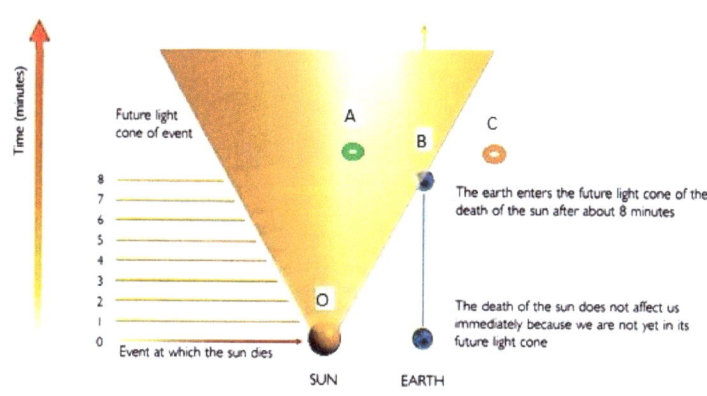

图 105 若太阳消失，我们需等 8 分钟才能知道这事件[219]。

若太阳突然消失，按牛顿引力定律地球将立即沿切线方向飞离轨道；而广义相对论说：地球会继续留在轨道上约 8 分钟，即光线或引力从太阳行到地球所花费的时间，然后在没有引力情况下沿切线方向飞离轨道。应用光锥时空图可表示这思想实验，通过光速，地球感知太阳消失这事件 B 点是与太阳消失那事件原点 O 存在因果联系的一个事件点。

---

[219] Space-time diagram showing how long we would have to wait to know that the sun has died.

### 3.9.2 悬而未决的时空观

在牛顿模型中空间和时间都不受其中物体及其运动的影响，即空间和时间是绝对的、永恒的、并且是相互独立的，这概念在§2.9.2关于绝对空间章节中有所阐述。

爱因斯坦相对论认为时间和空间不可分。近似光速火箭上的时钟较地球上时钟走得慢（基于运动时间膨胀），而同步卫星上时钟较地球上时钟走得快（基于引力时间膨胀），表明：时间和空间不是独立的而是时空这一东西的两个相联部分[220]，或者说时间和空间彼此密不可分[221]。另外广义相对论说时空告诉质能如何运动，而质能告诉时空如何弯曲。

霍金道：在科幻作品中，时空的扭曲用于描述太空旅行或者时间旅行，这是屡见不鲜的；今天的科幻小说往往是明天的科学事实…；我们能观察到时空扭曲…我们有时空被扭曲的实验证据…；不能排除太空旅行或时光倒流的可能性[222]。这观点是否意味着：当时空扭曲足够大时，时间旅行（**wormholes**[223]）是可能的？

时空扭曲[224]、和黑洞合并产生的时空伸缩涟漪---引力波都得到了观测证实。诸如此类观测证实不意味着时空是可触碰的吗？

以上种种都支持：时空是可触碰具体的。然而有许多哲学家和物理学家认为：时空是抽象的数学模型，不是物理的或可触碰的[225]。

由于对引力波探测的贡献而获得诺贝尔物理学奖的索恩，数学地、几何地思考广义相对论：时空弯曲使我们附着在地球表面上；黑洞的视界（**Event horizon**）是个只进不出的边界；物理学家思考如何从假说中导出预测及其证实，而哲学家时常漫游到物理学家觉得虚无缥缈的境地[226]。

---

[220] Einstein realised that space and time are just different aspects of a single object he called spacetime.
[221] time and space are inextricably bound up with each other.
[222] **Space and Time Warps - Stephen Hawking**
[223] A wormhole is a tunnel that connects two places in the Universe. Scientists have simulated this process, but are nowhere near creating a gravitational wormhole. MAR 2018
[224] NASA's Gravity Probe B Confirms Two Einstein Space-Time Theories.
[225] In physics, spacetime is any mathematical model, not physical or tangible.
[226] Kip Thorne - What is Space-Time? - YouTube.

## 3.10 广义相对论是天衣无缝吗

像牛顿的万有引力定律一样，广义相对论是一种引力定律，它说：质能弯曲时空，弯曲的时空产生了引力效应。此假设看似给出了引力效应的机理，并且已获得实验旁证，但质能是如何弯曲时空的？或质能引起时空弯曲的机理是什么？迄今没有合适的解释，这是广义相对论的软肋[227]。太阳确定了周围时空的曲率，迫使地球按曲率绕太阳运行，并在运行中动态地改变着该曲率[228]，但太阳是如何确定该曲率的？或太阳是如何弯曲周围时空的？

我们还不能确定*引力子*是否存在，如果有一天能确定它存在，那么引力子将成为导致时空弯曲的机理。

论文[229]见广义相对论有隙可乘而设想：假如用某种体积[230]代替质量来解释时空弯曲，则更逻辑和更易理解，不过这设想尚未获得实验旁证；另外这设想还能解释其它现代物理谜团，例如

1. 质量如何弯曲时空？
2. 质量效应的机理是什么？
3. 什么是引力（该论文指出那不是吸引力而是压力/推力）？
4. 相对论粒子质量增加的机理是什么？

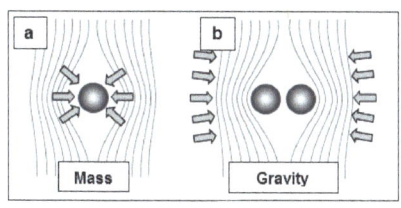

图 106 质量和引力是两个类似的现象[231]

---

[227] 爱因斯坦意识到这软肋吗？
[228] Gravity is the curvature of the universe, caused by massive bodies, which determines the path that objects travel. That curvature is dynamical, moving as those objects move. In Einstein's view of the world, gravity is the curvature of spacetime caused by massive objects.
[229] New Version of General Relativity that Unifies Mass and Gravity in a Common 4D Higgs Compatible Theory, 2018
[230] Volumes of nuclear matter such as nuclei and electrons
[231] Mass and gravitation are two similar phenomena.

# 4 层出不穷的宇宙奥秘

整个宇宙有多大依然是未知的，由于有限的光速和空间的膨胀，地球发送的无线电信息也许永远不可能到达宇宙的某些空间区域即使宇宙永恒存在。2017 年 10 月科学家发现宇宙本不应该真正存在[232]，那么是什么导致了瑰丽的地球和智慧的人类呢？宇宙的演进充满了神奇和奥秘呀！

## 4.1 可观测的宇宙

我们在银河星系中的何处？仰望群星灿烂的夜空，那是浩瀚的银河星系（Milky Way Galaxy）。太阳系（solar system）距银河星系中心约 26100 光年，与银河星系相比，整个太阳系比一粒原子还小，太阳系在银河星系中的相对位置如下图所示。所谓亘古不变的有着 46 亿年龄的太阳，以其光芒造就了生生不息的人类，然而再过 50 亿年，它的核反应炉将开始冷却，地球上生命也将消亡。

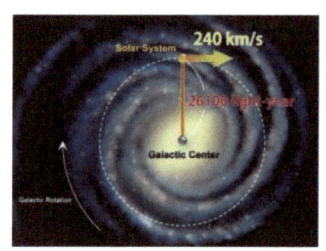

图 107 *太阳系在银河星系中的位置*：太阳系距银河星系中心约 26100 光年，以 240 公里/秒绕星系中心旋转

与可观测的宇宙（observable universe）相比，银河星系又未尚不是何等渺小。下图表示银河星系在可观测宇宙中的层次，地球是太阳系中八大行星之一；太阳是银河星系中 4 千多亿颗恒星中的一个；银河星系是局部星系组（The local group）中约 30 个星系中最大的两个之一；局部星系组位于局部超星系群（the local

---

[232] Scientists Have Concluded That The Universe Shouldn't Really Exist, Oct 2017

supercluster）的外围；局部超星系群淡化为可观测宇宙中的一个点；而可观测宇宙之外尚未知。

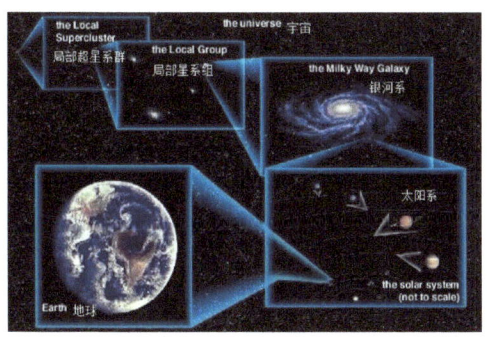

图 108 *星系层级*

*如何在方寸间示意整个已知宇宙*。一位音乐艺术家以普林斯顿大学的宇宙对数图和 NASA 图像，创作了以太阳系为中心的可观测宇宙的对数尺度示意图，从而将浩瀚的可观测宇宙示意在一手掌中。他未给你激励、或震撼？

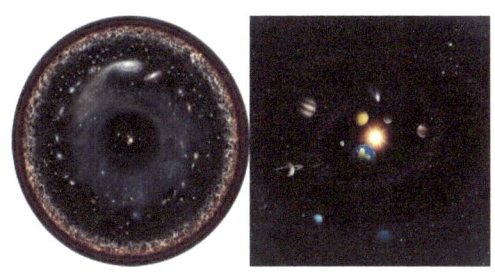

图 109 以太阳系为中心的可观测宇宙的对数尺度示意图[233]. Credit: Pablo Carlos Budassi

自然充满了惊喜，随着探测技术的进步，我们观测到的宇宙成为越来越浩瀚、越来越奇妙，也许会奇遇外星人。就在伽利略之前我们看到的星星似乎是我们宇宙的极限；伽利略的望远镜打开了构成我们银河星系的恒星全景；在一个世纪前人类还没有发现银河星系外还有数十亿个星系；今天我们可以看到大爆炸时刻的情景。人类的想象和才智正在呼唤更浩瀚的奇妙宇宙。

---

[233] This is an illustrated logarithmic scale conception of the observable Universe with the Solar System at the centre. Jan2018

## 4.2 宇宙从哪里来

宇宙从哪里来这个问题，就像人从*哪里来*的问题一样，挑战着一代又一代人。大爆炸（Big Bang）是宇宙中最早的已知事件，自那以来宇宙一直在膨胀、冷却、让星系和生命形成。

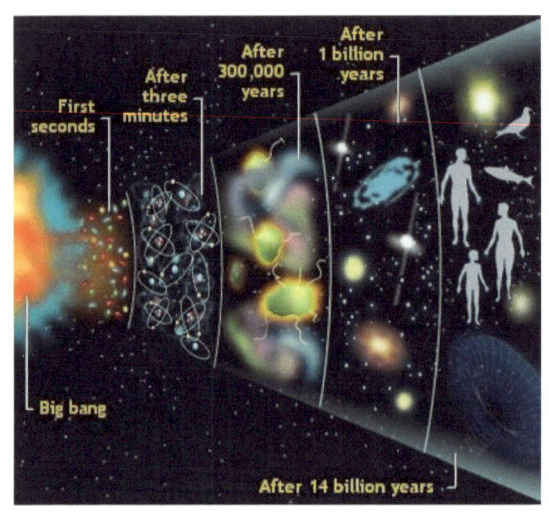

图 110 大爆炸后的宇宙经过 137 亿年的演进有了人类

按*大爆炸理论*[234]：大约在 137 亿年前，一个能量密度极大、温度和压力极高、直径仅几毫米[235]的太初状态，在膨胀进行到 $10^{-37}$ 秒时，产生了暴胀（inflation），在此期间宇宙的膨胀呈指数增长，当暴胀结束后，构成宇宙的物质包括夸克-胶子等离子体（quark–gluon plasma），以及其它所有基本粒子（elementary particle）；随后四种基本力（引力，强核力，电磁力和弱核力）先后形成；宇宙诞生的 $10^{-11}$ 秒之后，大爆炸理论中猜测成分就较少了，因为此时的粒子能量已经降低到了高能物理实验所能企及的范围；$10^{-6}$ 秒之后，夸克和胶子结合形成了诸如质子和中子；到 1 秒时宇宙膨胀到

---

[234] https://en.wikipedia.org/wiki/Big_Bang,
http://hubblesite.org/hubble_discoveries/dark_energy/de-fate_of_the_universe.php

[235] It postulates that 12 to 14 billionyears ago, the portion of the universe we can see today was only a few millimeters across，
http://map.gsfc.nasa.gov/universe/WMAP_Universe.pdf

约太阳系的一千倍（这不是大于光速吗？）；在大爆炸发生的几分钟后，中子与质子结合形成宇宙的氘和氦的原子核；在大约 37.9 万年之后，电子和原子核结合成为原子（主要是氢原子）；通过引力作用，逐渐形成气体云、恒星、星系等直至今天的宇宙。按此理论，我们今天观察到的所有事物包括最远的星系都源于一个小于葡萄球的空间[236]，奇乎！

自大爆炸以来的 137 亿年中，有限宇宙的几何形态演进如下图所示，其中横坐标表示宇宙演进的时间，对应的宇宙几何形态用相应的圆横截面表示（其中一个空间维度未显示），左端表示在暴胀时期发生的急速膨胀，随后恒星和星系逐渐形成，中段宇宙膨胀放慢，右端宇宙开始加速膨胀。

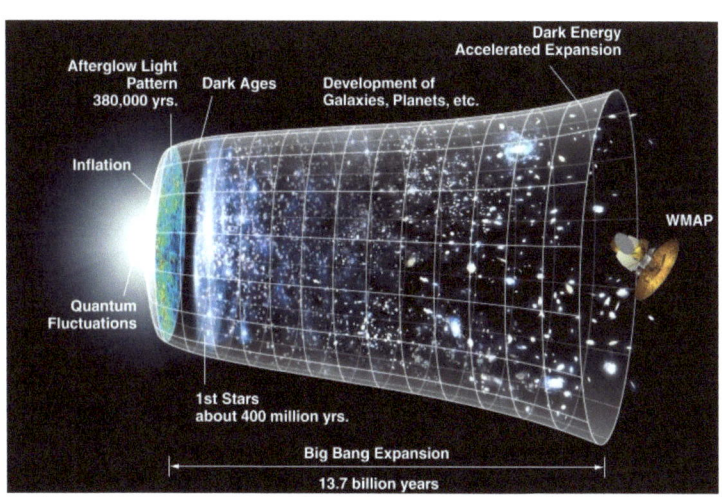

图 111 宇宙几何形态的演进[237]：宇宙膨胀从急速、到放慢、到现在的加速

*大爆炸名副其实吗？* 大爆炸并不是物质的爆炸（**explosion**）从

---

[236] in fact, all the matter we observe today-- out to the furthest galaxies we can see - was packed into a space smaller than a grapefruit （https://www.cfa.harvard.edu/seuforum/bb_whatwas.htm）, or In fact, all the matter in the universe could have arisen from a bit of primordial energy weighing no more than a pea
(https://www.cfa.harvard.edu/seuforum/bb_whatpowered.htm )
[237] http://map.gsfc.nasa.gov/resources/otherimages.html

内向外扩散至整个空旷的宇宙空间，而是每一处的空间本身随着时间而膨胀（expansion）；大爆炸始于几毫米因而并不大，也悄然无声因为无介质传播膨胀声音。

大爆炸理论能描述并解释宇宙在初始状态之后的演进，但还无法对宇宙的初始状态作出任何描述和解释，期望一个统合广义相对论和量子力学的量子引力理论突破这一难题。

然而*宇宙学还隐藏着更深的秘密*：在大爆炸之前的原始物质，即原生原子（primeval atom）从哪里来？在大爆炸之前宇宙的空间、时间和物质是什么样子的？什么启动大爆炸？这些问题恐怕只有上帝清楚知道它们的来龙去脉！还有一些问题可以有哲学解释，例如如果原生原子皆生于无，即无中生有，则自然定律从哪里来？宇宙如何知道演进？为什么自然定律产生了一个适于生命居住的宇宙？

*宇宙奥秘的探索能力*。关于大爆炸学说的奇妙想法及其检验，来自两个奇妙的能力：一是人类想象力与科学探索能力的相得益彰，另一个是奇妙的大自然留下了回溯至大爆炸时期的古老秘密与我们分享。

## 4.3 爱因斯坦错失大爆炸预言

大爆炸理论基于两个假设。首先假设爱因斯坦的广义相对论正确描述所有物质的引力相互作用；第二个假设是*宇宙学原理*（Cosmological principle），即假设宇宙是均匀且各向同性的[238]。

1917 年爱因斯坦将广义相对论应用到整个宇宙，开创了相对论宇宙学。从广义相对论出发建立的宇宙模型显示宇宙不是静态的，而是动态的（或是膨胀或是收缩），这和当时基于天文观测的静态宇宙主流观点并不符合，为了使宇宙保持静态或稳态，或为求得和当时的天文观测相符合[239]，爱因斯坦在他的场方程(Einstein field equation)中加入了一个宇宙学常数（Cosmological constant），这样宇宙学常数效应可以抗拒引力的效应，从而实现静态宇宙。这宇宙学常数当时被接受认可。不过这样的静态宇宙是不稳定的，在数学上是个错误[240]。

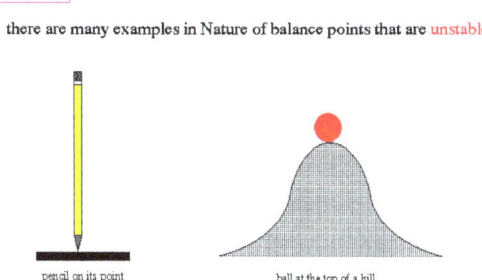

图 112 不稳定的两个示例

---

[238] 这不意味着宇宙没有边缘吗？
[239] Back in 1917 most astronomers thought that the universe consisted only of our Milky Way. Moreover it seemed a rather stable universe, with stars meandering around but not expanding outward or collapsing inward in a noticeable way.
[240] de Sitter showed that Einstein had made a mathematical error, and that his Cosmological Constant made the universe static but unstable (like a needle balanced on its point).

1922 年,弗里德曼(Friedmann)在宇宙学原理假设下,由爱因斯坦场方程推出的宇宙模型是在膨胀的,并为此与爱因斯坦交流过。

1927 年不见经传的兼职物理学家勒梅特(Lemaître)提出了星云远去现象的原因是宇宙在膨胀,并进一步提出"原生原子假说",认为宇宙正在进行的膨胀意味着它在时间反演上会发生坍缩,这种情形会一直发生下去直到它不能再坍缩为止,此时宇宙中的所有质量都会集中到一个几何尺寸很小的原生原子(primeval atom)上,时间和空间的结构就是从这个"原生原子"产生的,即*大爆炸猜想*。勒梅特与爱因斯坦交流并面谈过,然而爱因斯坦拒绝接受宇宙膨胀的理念,评论道"您的计算是正确的,但你的物理是凶险的"[241]。

图 113 勒梅特与爱因斯坦:这两个人塑造了我们对宇宙的现代理解[242]

1929 年哈勃基于多普勒频移发现,星系远离地球的速度同它们与地球之间的距离成正比,即*哈勃定律*。按宇宙学原理,哈勃定律说明宇宙在膨胀。

爱因斯坦与大爆炸预言失之交臂。哈勃定律使爱因斯坦放弃了宇宙学常数,他极其遗憾地认为在场方程中引入该常数是他"一生中最大的错误(biggest blunder he ever made)",因为假如他更加

---

[241] Your calculations are correct, but your physics is atrociou。爱因斯坦怎么用凶险来形容勒梅特的大爆炸思想?难道他意识到那大爆炸思想意味着有上帝?

[242] the two men who forged our modern understanding of the cosmos

坚信自己无宇宙学常数的方程那么他就会预言出宇宙在膨胀、作出宇宙起源于大爆炸的天方夜谭般的空前绝后大预言。

之后许多年，学界普遍设宇宙学常数为 0。但是 1998 年天文物理与宇宙学对宇宙加速膨胀的研究则让宇宙学常数复活了，一个正的宇宙学常数可以解释宇宙加速膨胀。宇宙学常数值很小，约为 $10^{-52}$ 每平方米[243]，却决定了宇宙命运。不过两次引入宇宙学常数的动机是不一样的。

爱因斯坦*引入宇宙学常数是画蛇添足*，或画龙点睛？宇宙有开始是否意味着有上帝？稳态宇宙观认为：宇宙永恒存在，因此没有开始，没有创造，这观点受到进化论者和无神论者的欢迎因为它不需要造物主（神）。假设宇宙有开始，那么在那之前什么也没有（没有时间，没有空间，没有物质，没有能量，没有物理定律）；在那之后，一切（时间，空间，物质，能量，物理定律等）同时诞生并增长。在约 100 年前的爱因斯坦时代，宇宙有开始是神创论者所渴望的。这也许能从根本上解释爱因斯坦为什么在他的场方程中加入一个宇宙学常数使其适应稳态宇宙模型[244]。勒梅特是神父，也许因此爱因斯坦更加怀疑他的大爆炸猜想动机。

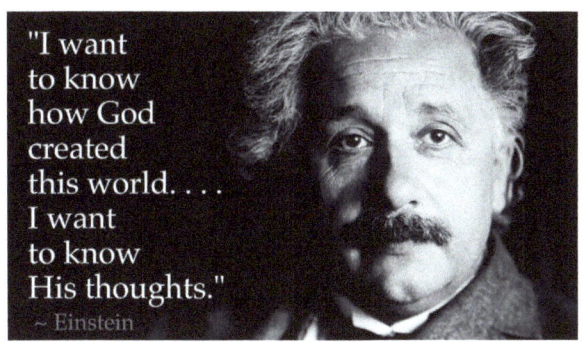

图 114 我想知道上帝如何创造这个世界。 我想知道他的想法。---爱因斯坦

*牛顿的杞人忧天*。由于当时观测技术限制和稳态（**stable**）宇宙信念以及全能上帝信仰，牛顿对宇宙命运也曾杞人忧天。引力定

---

[243] https://en.wikipedia.org/wiki/Cosmological_constant#Positive_value
[244] 爱因斯坦是无神论者？

律使他推测宇宙是不稳定的，既然苹果落向地球，小天体也会落向大天体，难道全能的上帝创造的美丽宇宙会坍塌？这使他忐忑不安。天文观测显示：现在宇宙的动量[245]产生的膨胀效应大于引力效应，它正处于膨胀中。但是如果宇宙密度足够大，即引力效应足够大，则引力效应将阻止宇宙的膨胀，然后收缩，最终坍塌[246]，这种*宇宙命运*就是牛顿所担心的。牛顿的这种杞人忧天是基于科学推理的远见卓识，多多益善！

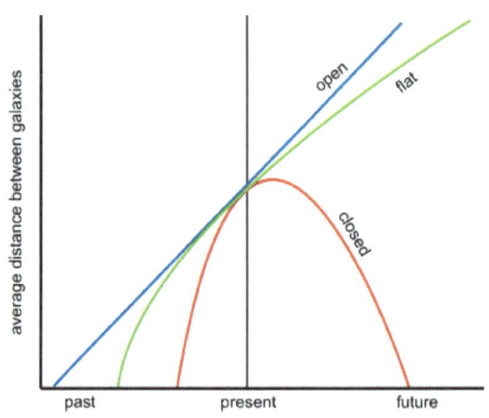

图 115 星系间的平均距离随时间变化[247]。牛顿所担心的情景如图中红的闭式球形宇宙（closed universe）

如果宇宙有开始，为什么*宇宙在开始前等待了无限长时间*？这问题意味着时间是绝对的，即不管宇宙是否存在，时间独立地从无限的过去流到无限的未来。但是按广义相对论，空间和时间不是绝对的，而是由宇宙中的物质和能量来确定的物理量，按黑洞理论时间在黑洞事件视界（**event horizon**）处停止流逝就好像被冻住了。这问题还有别的解答，如大爆炸前时间没有定义。

---

[245] Momentum is the quantity of motion of a moving body, measured as a product of its mass and velocity.
[246] 坍塌成何样？然后会怎样？
[247] 三条曲线的起点不同，其物理意义是什么？

## 4.4 驱动宇宙加速膨胀的暗能量

1998年科学家发现宇宙的膨胀变得越来越快，至今无人知晓是什么在驱动，这驱动力称为*暗能量*。由于暗能量效应要求暗能量具有异乎寻常的性质，因而暗能量的正确理论的产生或将导致科学革命，为此科学家在争先恐后地破解这暗能量究竟是什么。目前宇宙学标准模型（Lambda-CDM model）是基于宇宙学常数，而这常数的最初引入曾使爱因斯坦极其遗憾。

解释宇宙加速膨胀的主流理论是加入宇宙学常数的爱因斯坦场方程，

$$R_{\mu\nu} - \frac{1}{2}Rg_{\mu\nu} = \frac{8\pi G}{c^4}T_{\mu\nu} - \frac{\Lambda}{c^2}g_{\mu\nu}$$

其中 Λ 就是宇宙学常数，是真空能量密度的值[248]，代表*暗能量*，约为 $10^{-52}$ 每平方米。它极小却决定了宇宙的命运，神奇乎？

上述爱因斯坦场方程对应的*修正牛顿万有引力定律*则是，

$$F_\Lambda = -G\frac{mM}{r^2} + \frac{1}{3}\Lambda mr$$。

牛顿万有引力定律及其应用容易理解，修正牛顿万有引力定律及其应用也应容易理解，它或许能帮助你理解许多物理概念、更新物理教科书、激起洞察、甚至发现隐藏的宇宙奥秘。附录中有一关于此的论文摘要供抛砖引玉。

若宇宙学常数所代表的暗能量是真空能量，即空间的性质，则新生的空间产生新生的暗能量，暗能量比例越来越大，即暗能量的排斥力越来越强，而引力效应相对地就越来越弱。在最奇特也是最预计的情景中，由于暗能量的排斥效应，因而宇宙膨胀越来越快，引力创造的星系会分离解散，太阳系恒星行星甚至分子和原子会由于极快的膨胀而分崩离析，之后在大爆炸中诞生的宇宙会以更剧烈的暴胀---大撕裂为命运。

---

[248] the value of the energy density of the vacuum of space

图 116 各种宇宙进化情景[249]。 从左到右：密度太大的宇宙趋于大坍缩；临界密度的宇宙趋于静止；没有足够密度的宇宙稳定膨胀；宇宙似乎正在加速膨胀。

如果暗能量是宇宙学常数，则宇宙膨胀如情景 4；而情景 1 是牛顿曾经所担忧的。图中四情景的起点不同意味着什么？此图与前图形式不同，内容相同否？

*宇宙由什么构成?* 爱因斯坦说物质和能量可互换，即物质和能量是同一种东西的两种不同形式，例如太阳是通过质能互换来运作的。无静止质量的光波是电磁辐射，携带能量，当你走在阳光下感到更加温暖，那是因为你接受到阳光的能量。能量应该有来源，来自物质或者辐射。因此宇宙由物质和能量构成。今天宇宙与婴儿期宇宙的质能构成不一样，意味着未来宇宙与今天宇宙的质能构成不一样，因此预测未来宇宙质能构成有助预测宇宙命运。

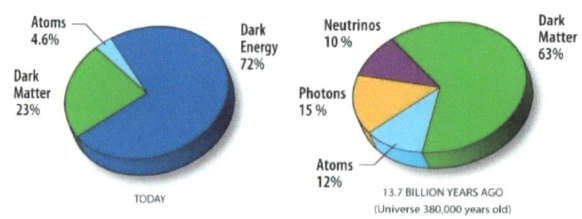

图 117 宇宙由物质和能量构成：今天宇宙（左）与婴儿期宇宙（右）的质能构成不一样

---

[249] Various universe evolution scenarios. From left: A universe with too much density collapses in on itself, a critical density universe stays static, a universe with not enough density keeps expanding at a steady (coasting) rate. Then there's what actually seems to be happening: the rate of expansion is speeding up.

质能可分为下述四种形态[250]：

- 辐射（Radiation）：由以光速移动的无质量或几乎无质量的粒子组成，实例光子（光）。这种形式的物质具有大的正压力。
- 重子物质（Baryonic matter）：主要由质子，中子和电子组成的"普通物质"。这种形式的物质基本上没有压力。
- 暗物质（Dark matter）：奇怪的非重子物质，它只与普通物质发生弱相互作用。这种物质从未在实验室中直接观察到，它也没有压力。有科学家认为暗物质由太初黑洞构成。物理学家几乎搜尽了暗物质的可能藏身地，依然未找到暗物质，也许暗物质不存在[251]。
- *暗能量*（Dark energy）：暗能量效应要求它有一个匪夷所思的负压力（排斥力）性质，它也许是真空的一种特性，是唯一可以导致宇宙加速膨胀的物质形式。今天的暗能量约占宇宙质能总量的四分之三，相当于水在地球表面的覆盖面积。不知道暗能量是什么，就像不知道水是什么一样，你会无动于衷吗？

美国宇航局（NASA）拟发射完全由太阳光驱动的小空间探测器，这种技术可以廉价探索太阳系和星际空间。

图 118 驱动探测器的*太阳帆*（Solar sail）：太阳光子撞到帆而反弹，从而传递动量给帆，CC BY-SA 3.0

---

[250] https://map.gsfc.nasa.gov/universe/uni_matter.html
[251] Physicists Are Running Out of Places to Look For Mysterious Dark Matter Particles, Nov 2017.

## 4.5 上帝造宇宙时有无选择

所有自然定律都与特定常数相联系，这些常数奇妙地调节着智能生命存在所不可或缺的条件。它们包括万有引力常数（万有引力公式中的 G）、强核力偶合常数、电磁偶合常数、宇宙膨胀率（哈勃常数）、宇宙临界密度等。它们的略微不同会导致生命不能存在。

万有引力常数决定引力强度。若该常数太小，则恒星和行星会不能形成，或者恒星会没有足够的外压力来克服原子核间的库伦静电排斥力，从而不能发生核聚变（即恒星不会发光），或者恒星亮度不够以至生命不得不在暗中进化；若太大，则在生命进化好前，恒星会燃烧太快而用完燃料，变成中子星等。

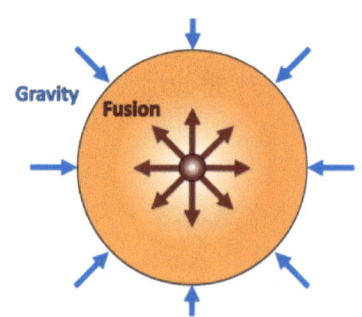

图 119 恒星在引力（Gravity）收缩与核聚变（Fusion）膨胀间的平衡[252]

用之不竭的*核聚变能源指日可待*。科学家争取在 2030 年前用核聚变（Nuclear fusion）方式为电网供电[253]，核聚变是恒星（如太阳）的燃烧方式，比核裂变（Nuclear fission）效率高好几倍，而且不像核裂变，核聚变不产生危险的核废料，是无可比拟的再生清洁能源，但它需要 3000 万摄氏度以上的工作环境，目前还不是有效益的稳定的为电网供电方式。国际合作又竞争，时不我待[254]！

---

[252] http://large.stanford.edu/courses/2011/ph241/olson1/
[253] Fusion Energy on Grid by 2030
[254] Will China beat the world to nuclear fusion and clean energy? Apr 2018; Scientists Just Created a Magnetic Field That Takes Us Closer Than Ever Before to Harnessing Nuclear Fusion, Sept 2018

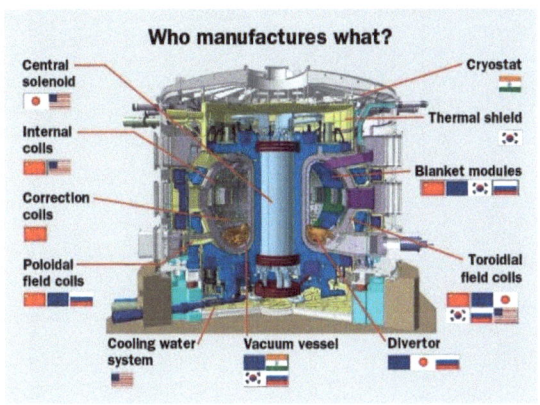

图 120 ITER *核聚变反应堆示意图：成员有欧盟，中国，印度，日本，俄罗斯，韩国和美国*

强核力偶合常数决定将原子核内的粒子连在一起的强度。若偶合常数太小，则多质子粒子会不能连在一起，从而氢会是宇宙中唯一元素；若太大，则比铁还轻的元素会很稀少，且加热地心的放射性衰变会减弱。

电磁偶合常数决定电子与原子核间的偶合强度。若偶合常数太小，则会没有电子绕原子核转；若太大，则电子不会在不同原子间共享。这两种方式都不会产生分子。

宇宙密度决定宇宙年龄和命运。宇宙临界密度 $\rho_c$ 对应于平式宇宙，其数值约为 10 个氢原子/立方米[255]，其表达式为

$$\rho_c = \frac{3H^2}{8\pi G}$$

其中 H 为哈勃常数，而 G 为万有引力常数。

宇宙膨胀意味着宇宙有限，那么有限宇宙的几何形态是啥样呢？宇宙会永恒地膨胀吗？广义相对论说物质的质量弯曲空间，据此科学家数学演算出宇宙几何形态与宇宙密度有如下图关系，

---

[255] 10 hydrogen atoms per cubic metre

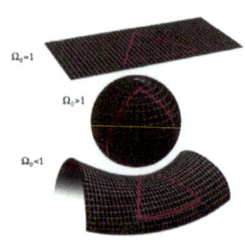

图 121 宇宙形态与宇宙密度的关系[256]：当宇宙实际密度分别大于、等于和小于宇宙临界密度时，宇宙分别呈二维模拟中的球形、平式和双曲形[257]

上图表示：当宇宙实际密度大于宇宙临界密度时，宇宙呈球形（Spherical），为闭式，最终在引力作用下坍塌；反之，宇宙呈双曲形（Hyperbolic），为开式，永恒膨胀，最终智能生命因宇宙密度太稀而不能生存；相等时，宇宙呈平式（Flat），最终停止膨胀。目前有两种测量结果支持平式宇宙观，一种测量结果是关于宇宙实际密度，另一种是关于上图中平行光线是否汇聚或发散。平式宇宙的平行光线是不聚也不散，而球形宇宙和双曲形宇宙的平行光线分别是收敛和发散[258]。上述支持平式宇宙观的两种测量结果与支持宇宙加速膨胀的观测一致吗？宇宙加速膨胀说宇宙永恒膨胀呀？

上述*神奇的物理常数及其组合*的取值是如此巧合以至我们智能生命能存在并进化到如今，是个令人惊叹不已的神迹。许多科学家不禁要问：如此小概率事件怎么刚好发生在我们地球智能生命身上？已有一些位于宇宙学和哲学交界上的解释，如多重宇宙（multiverse）。

"真正让我感兴趣的是*上帝在创造宇宙时是否有选择*"，爱因斯坦曾说[259]。敢如此豪言壮语、气贯长虹的有几何？物理学家霍金受此名言的激励，始终不渝地毕生探索上帝的思想（God's mind）。

---

[256] https://en.wikipedia.org/wiki/Shape_of_the_universe
[257] These depictions of two-dimensional surfaces are merely easily visualizable analogs to the 3-dimensional structure of (local) space.
[258] http://astronomy.swin.edu.au/cosmos/C/Critical+Density
[259] "what really interests me," Albert Einstein once remarked, "is whether God had any choice in the creation of the world."

## 4.6 备份地球上的生命

我们不知道是否有外星人,但没有理由说没有外星人。为估算银河星系内可能与我们通讯的文明数量,1961 年估计*外星文明数量*的德雷克公式(Drake equation)被提出,

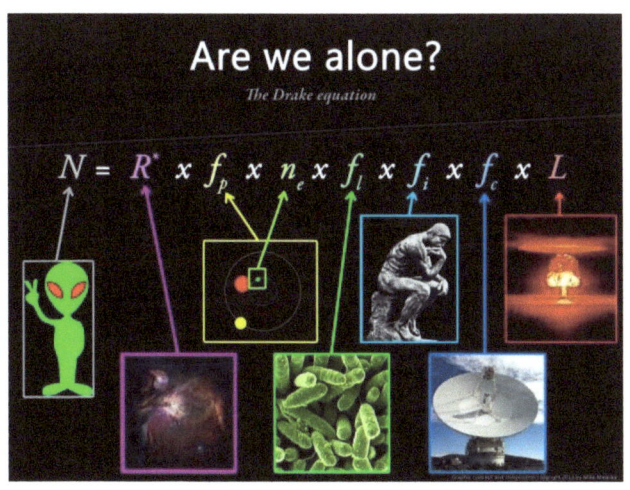

图 122 德雷克公式---有外星人与我们共享宇宙吗?

上图中,

N 代表银河星系内可能与我们通讯的文明数量,

R*银河星系内恒星形成的速率,

$f_p$ 恒星有行星的可能性,

$n_e$ 有适居行星的可能性,

$f_l$ 适居行星发展出生命的可能性,

$f_i$ 演化出高智生物的可能性,

$f_c$ 该高智生命能够进行通讯的可能性,

L 该高智文明的预期寿命。

银河星系拥有 1000 亿到 4000 亿颗恒星,如果只有 0.1%的行星可居住,那意味着银河星系有大约一百万颗有生命的行星。宇宙中行星恒河沙数,岂能断言没有外星人?

1972 年发射太空探测器先驱者 10 号以向外星生命招手,为此德雷克教授(Frank Drake)参与设计了先驱者镀金铝板(Pioneer plaque），它包含了关于男女人体、太阳位置、和太阳系等的信息，还隐含着人体身高信息（你能发现之吗？）。你见过比它更精粹的科学图案吗？

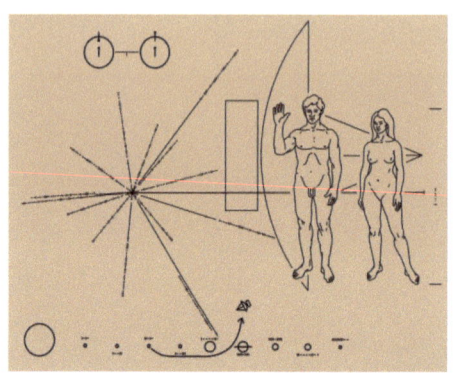

图 123 先驱者镀金铝板（Pioneer plaque）：*极致的科学图案*

有许多导致人类消亡的风险和事件[260]。巨陨石对地球的撞击；冰河期的再发生；超新星（supernova）巨大质能的辐射；50 亿年后太阳开始冷却；暗能量加速宇宙膨胀导致温度下降等。过去有过巨陨石灾难性地撞击地球导致恐龙消亡，将来还会有。美国航空航天局（NASA）正在规划如何使飞向地球的小行星偏离轨道以防止灾难性地撞击地球[261]。

*地球磁极翻转*。人类有幸有地球大气和磁场阻挡宇宙射线，但在地球历史上，地球的南北磁极曾翻转过多次，科学观测估计在不远的将来地球磁极翻转会再次发生，这种发生将影响地球生命成百上千年[262]。

*心惊肉跳的星际访客*。2017 年 10 月 19 日科学家第一次观测到星际小行星 A/2017 U1 访问太阳系[263]，它星驰电掣与地球擦肩而

---

[260] There Are Many Ways The World Could End, But Scientists Think These Are The Most Likely, July2018
[261] Asteroid impact avoidance; Astronomers complete 1st global asteroid tracking drill by NASA, 11/2017
[262] Earth's Magnetic Poles Are Overdue For a Switch, Jan 2018
[263] Small Asteroid or Comet 'Visits' from Beyond the Solar System, 26 Oct 2017

过，来得猝不及防，以致一位研究者心惊肉跳，"看着那转瞬即逝的来客，想着它来自另一恒星系，感到脊梁颤抖"[264]。

在灾难性事件来临前我们需要备份地球生命，已有许多备份努力。全球已有几十个种子库和若干冷冻动物园，存储着胚胎、卵精子、和 DNA；备份放在地球上有较大风险，因此有些种子已存在太空，不过太空有高辐射会伤害 DNA；另外考虑机器人将种子运回地球，当然也可以由太空站上科学家来做；也努力试图在月球和火星上建人类生活家园。物理学家霍金说：随着地球气候变化和自然资源耗损，离开地球可能是拯救人类的唯一途径。我们地球公民对此有何义务？

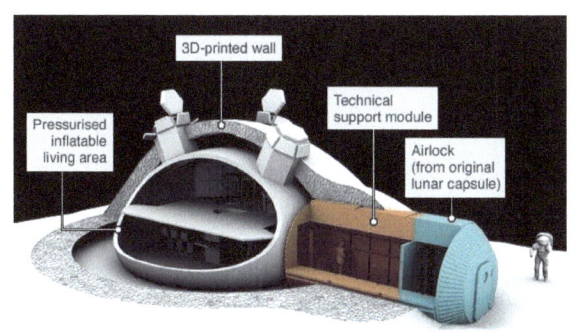

图 124 欧洲航天局对*月球基地*的愿景

你会为月球基地考虑什么？水，种植，居住，分解水为燃料，繁衍，低引力环境中的生活和娱乐？还要考虑屏蔽高剂量宇宙射线的藏身地，科学家已找到一完美的隐藏洞---地下熔洞[265]。

*方舟图书馆*（Arch library）[266]。为了在浩瀚无垠的宇宙中永恒地保存和传播人类知识，一个数据存储器随特斯拉跑车（Tesla Roadster）在太空旅行，该存储器硬币般大小，寿命可达数十亿年（现在的宇宙寿命约是 140 亿年），称为（诺亚）方舟图书馆。

---

[264] "It sends a shiver down the spine to look at this object and think it has come from another star."
[265] The Perfect Location For a Future Moon Base Has Finally Been Confirmed, Oct 2017.
[266] 5D storage crystal joins Tesla Roadster, Feb 2018

## 4.7 宇宙的命运

*宇宙命运*（Ultimate fate of the universe）有三种主要模型：大坍缩（Big Crunch），大寒冽（Big Chill）和大撕裂（Big rip），对应于三种宇宙几何形态：球形（Spherical）即闭式，平式（Flat），双曲形（Hyperbolic）即开式。宇宙几何形态（shape）依赖于宇宙的膨胀动量（Momentum）和引力间的平衡，引力效应由宇宙质能密度决定，即宇宙命运由其质能密度决定。

为帮助理解宇宙的膨胀或回缩，先看引力对棒球和飞船的效应。设想你掷棒球到空中，地球引力立即减慢棒球，棒球上升至峰顶时速度降为零，然后引力使它加速下降回到地面，即引力使物质相互吸引。再设想飞船以足够的速度挣脱地球引力而飞离地球，然而它不能完全摆脱地球引力，虽然它越来越远离地球但在地球引力下持续变慢。

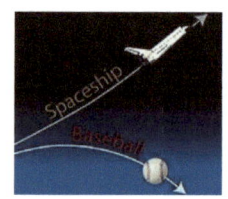

图 125 *引力对棒球和飞船的效应*

到 1990 年代初有两种宇宙膨胀认识：大坍缩和大寒冽。大爆炸启动宇宙急剧膨胀，然后宇宙中物质在引力作用下相互吸引，类似引力对棒球和飞船的效应，宇宙膨胀理应变慢，之后宇宙有两种命运。如果宇宙有足够多的物质来减慢宇宙膨胀，然后停止膨胀，接着宇宙回缩，最终宇宙中万物大坍缩到一起，那么万物就像棒球情景。在另一情景中，宇宙没有足够多的物质来阻止宇宙膨胀，宇宙中万物越飘越慢，那万物就像飞船情景，最后宇宙趋于浩瀚暗淡寒冷的状态---大寒冽。之后天文学家算出了宇宙中的物质数量，认为大寒冽比大坍缩更有可能。

1998 年观测到宇宙在加速膨胀[267]，其命运称为大撕裂。由于

---

[267] http://science.nasa.gov/astrophysics/focus-areas/what-is-dark-energy/

引力效应，今天的宇宙膨胀理应比过去的膨胀慢，因此对于宇宙在加速膨胀这一观测结果，无人料及。科学家提出若干假设作为*宇宙加速膨胀*的原因，并将这些原因统称为*暗能量*。宇宙的命运究竟是什么将有赖于暗能量究竟是什么，因为现在的暗能量约是宇宙质能的 **72%**

目前似乎倾向于大撕裂，甚至有预言在 **220** 亿年后宇宙开始大撕裂，那时原子也分崩离析成未结合的基本粒子和辐射[268]。

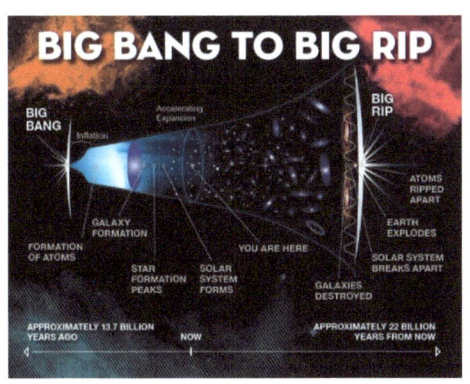

图 126 宇宙从大爆炸到预言在 *220 亿年后大撕裂*，Credit Jeremy Teaford/Vanderbilt University

*见微知著*。未来的物理世界可预测到何程度？上述关于 **220** 亿年后的预言可信吗？如果我们准确地知道系统的初始状态，那么物理定律是否能确定未来任意时刻该系统的状态？在牛顿力学中，答案是肯定的。在电磁学中也是如此：如果人们准确地知道电磁场的初始状态，那么麦克斯韦方程就能确定电磁场未来状态。在量子力学中，如果初始波函数是精确已知的，那么薛定谔方程可以用来预测未来波函数。然而，物理定律的这种预测能力在广义相对论中可能会力不从心，恒星经历引力坍塌形成黑洞，黑洞包含一个物理定律无法从恒星初始状态做预测的区域[269]。

---

[268] in 22 billion years or so material objects begin to fall apart and individual atoms disassemble themselves into unbound elementary particles and radiation.
[269] A Possible Failure of Determinism in General Relativity, Jan 2018

# 5 当今的万物理论

当今的万物理论（theory of everything, TOE）致力于统一描述自然界四种基本相互作用，最终能够解释宇宙的所有物理奥秘。霍金称万物理论的解答是人类推理的终极胜利[270]，他说："这套完备的自然定律能回答这样的问题：宇宙如何开始？它去哪里？它会结束吗？如果会结束，它将如何结束？如果我们找到这些问题的答案，我们真的将知道上帝的思想"[271]。

## 5.1 万物理论在演进

自牛顿时代以来，推进物理学的一个关键动机就是*统合*：试图用单一的总括概念来解释看似不同的现象[272]。*万物理论*就是这种动机的成果，例如牛顿用万有引力定律解释了月球运动、苹果下落等看似不同的现象。

柏拉图和亚里士多德形成了古代天地哲学大体系；牛顿三大运动定律和万有引力定律可统一描述、解释、预测地面苹果和天上月球和行星的运动，构成了天地宏观运动大统合；麦克斯韦方程实现了电、磁、和光的微观运动大统合；爱因斯坦相对论统合了空间、时间、质量和能量四个物理量，实现了牛顿时代以来的天地宏观和微观运动最大统合；当今的万物理论志在统一描述自然界四种基本相互作用（fundamental interaction），它是在经过 1984 年的统合电磁（EM）作用和弱（weak）相互作用的电弱作用理论（electroweak unification）、再经过与强（strong）相互作用统合

---

[270] If we find the answer to that, it would be the ultimate triumph of human reason.
[271] "This complete set of laws can give us the answers to questions like how did the universe begin," he said. "Where is it going and will it have an end? If so, how will it end? If we find the answers to these questions, we really shall know the mind of God."
[272] One crucial idea that has driven physics since Newton's time is that of unification: the attempt to explain seemingly different phenomena by a single overarching concept.

的大统合理论（grand unification theory，GUT）之后，又与引力（gravity）作用统合的万物理论（TOE）[273]，如下图所示，其中电弱理论已被粒子加速器实验证实；电弱力（Electroweak）与强核力尚未被大统合理论统合。

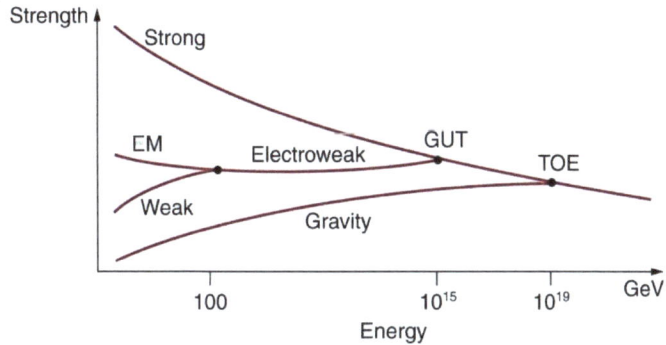

图 127 万物理论与其它理论的关系[274]

  自然界四种基本相互作用解释和预测宇宙中粒子和物质的行为，它们是：引力相互作用、强相互作用、弱相互作用和电磁相互作用。这四种基本相互作用不能再分解且能解释各种物理现象如弹性、粘滞、和摩擦，又称四种基本力：引力、强核力、弱核力和电磁力。强核力抵抗质子之间的电磁力而维持原子核的稳定，也将夸克粒子绑定成为质子及中子；弱核力调节质子与中子间的转化，引起放射性衰变；地球人生活在引力场中，视引力作用为理所当然，没有引力的太空生活会顿使你无所适从、不知所措；受无影无踪电磁力驱动的指南针，始终有着唤起少年儿童科学好奇心的魔力。在你的人生中，一切可习焉不察而平淡无奇甚至习非成是，也可神秘奇妙[275]。哪一种基本力最先发现？

---

[273] Unification of Gravity. The final step of unification, past electroweak unification and grand unification, would be to add gravity to reach the final goal of one unified force. It has become popular to call such a unified theory a "theory of everything".
[274] What is Grand Unification Theory?
http://www.astronomycafe.net/FAQs/q1050x.html
[275] You can go through life as if nothing is a mystery or as if everything is a mystery.

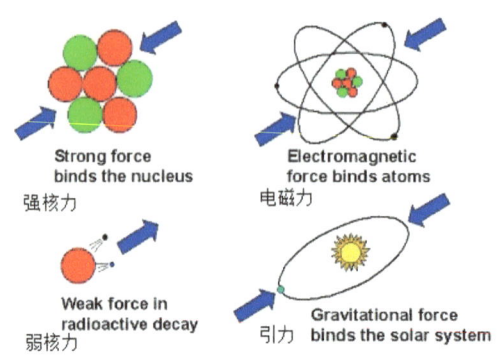

图 128 四种基本力：引力、强核力、弱核力和电磁力

原子内各种粒子相互关系及大小如下图所示。原子由原子核和电子构成；原子核由质子和中子构成；质子和中子由夸克（quark）构成；夸克是一种基本粒子（elementary particle or fundamental particle），基本粒子是组成物质的最基本单位，其内部结构未知，所以也无法确认它是否由其它更基本的粒子所组成。原子核大小约 $10^{-14}$ 米。

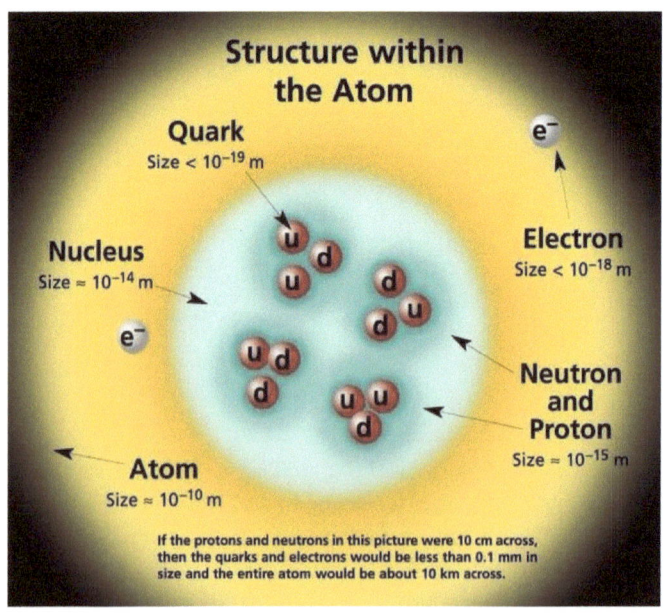

图 129 *原子内结构和粒子尺寸*：如果质子和中子是 10 厘米，则夸克和电子小于 0.1 毫米而原子约 10 公里。

上图中 u 和 d 分别表示上夸克和下夸克，下图显示强核力载子---胶子（gluon）绑定夸克成质子。2017 年发现了与质子并级的亚原子[276]。

图 130 一个质子由两个上夸克和一个下夸克以及绑定夸克的胶子组成

*量子力学*（quantum mechanics）就是描述原子和亚原子那些微观粒子行为的物理学理论。被视为粒子的电子能像波一样地行为；被视为波的光波，它的某些行为只能以光粒子形式解释。这种波粒二象性只能由量子力学解释，牛顿力学只好望洋兴叹了。量子力学不能预测电子在空间中的确切位置，只能预测在不同位置发现电子的概率[277]。量子计算机的一个存储单元可以表示 0，1，或者 0 和 1 的叠加，而电子计算机只能存储非 1 即 0；量子计算机使用量子力学现象，如叠加和纠缠，来执行数据操作[278]。

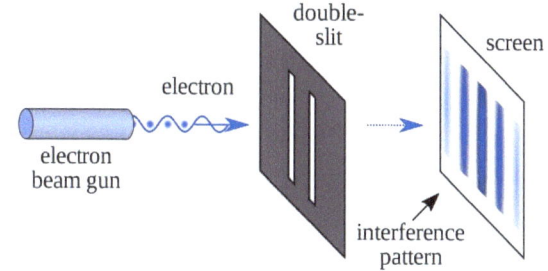

图 131 光子或电子穿过双缝时产生波形[279]，CREDIT WIKIPEDIA COMMONS

---

[276] LHC: Five new particles hold clues to sub-atomic glue，BBC，20 March 2017
[277] Quantum mechanics cannot predict the exact location of a particle in space, only the probability of finding it at different locations.
[278] Quantum computing
[279] Photons or particles of matter (like an electron) produce a wave pattern when two slits are used.

按大爆炸理论[280]，在宇宙初始时期（大爆炸之后 $10^{-43}$ 秒内），那四种基本力属同一种力，紧接着分道扬镳，依次诞生出引力、强核力、和弱核力与电磁力，如下图所示。但是物理学家觉得有可能存在第五种基本力（Quintessence）用于解释宇宙中一些挥之不去的奥秘，如暗物质。

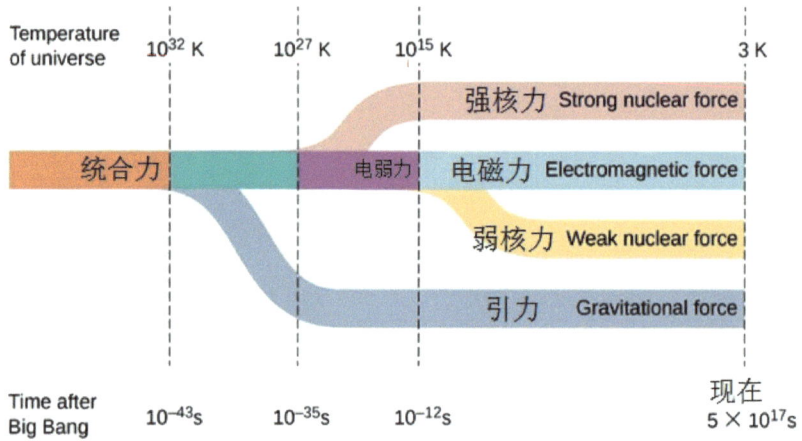

图 132 大爆炸瞬时*四种基本力依次诞生*[281]：引力、强核力、和弱核力与电磁力

万物理论的脉络概括如下图。引力的相对强度最弱，如果引力是 1，则电磁力是 $10^{36}$；就作用距离而言，强核力和弱核力是微观的，引力和电磁力是宏观的，但电磁力会被屏蔽而引力不会；四种力载子之一的*引力子*仍是假想、尚未被观测到；*量子引力论*[282]试图根据量子力学的原理来描述广义相对论下的引力或弯曲的时空，以解决量子力学与广义相对论之间在引力上的矛盾，它涉及量子大小黑洞（质子大小的黑洞约 10 亿吨重）的行为，包括模糊事件视界（fuzzy event horizon），目前尚困难重重。

---

[280] https://www.quora.com/What-are-some-odd-or-generally-unknown-facts-about-outer-space
[281] http://hyperphysics.phy-astr.gsu.edu/hbase/Forces/unigrav.html
[282] Quantum Gravity – Again! http://sten.astronomycafe.net/tag/space/, 2017

| 四种基本力 | 强相互作用<br>Strong interaction | 弱相互作用<br>Weak interaction | 电<br>Electricity | 磁<br>Magnetism | 引力相互作用<br>Gravitation |
|---|---|---|---|---|---|
| | | | 电磁相互作用<br>Electromagnetism(EM) | | |
| 力载子 | 胶子<br>Gluons | W 及 Z 玻色子<br>W & Z bosons | 光子<br>Photons | | 引力子<br>Gravitons |
| 相对强度 | $10^{38}$ | $10^{25}$ | $10^{36}$ | | 1 |
| 作用距离 (m) | $10^{-15}$ | $10^{-18}$ | $\infty$ | | $\infty$ |
| 现有理论 | 量子色动力学<br>Quantum chromodynamics | | 量子电动力学<br>Quantum electrodynamics | | 广义相对论<br>General relativity |
| | | 电弱理论 Electroweak Theory | | | 量子引力论<br>Quantum gravity |
| | 大统合理论 Grand Unified Theory(GUT) | | | | |
| | 万物理论 Theory of everything(TOE)，例如弦理论 String theory | | | | |

图 133 万物理论的脉络[283]

弦理论也视为一种量子引力理论，量子引力的研究会促进万物理论的发展。万物理论的实验检验要求温度或能量高得像宇宙大爆炸瞬时的程度，所要求的粒子加速器大于地球[284]，因此难以实现。你想过温度接近绝对零度时粒子物理如何吗？科学家正在探索这领域[285]。

---

[283] Unification Paradigm, http://slideplayer.com/slide/5243051/; Fundamental interaction, https://en.wikipedia.org/wiki/Fundamental_interaction
[284] you would need a particle accelerator bigger than the size of the Earth to get to energies high enough for all of the forces to be unified.
[285] New Device Lets Scientists Explore The Weird Physics Near Absolute Zero, Dec 2017

## 5.2 量子纠缠佯谬

量子纠缠(quantum entanglement[286])是量子力学的特有物理现象，使量子力学区别于经典力学。若将两个相互纠缠的粒子如光子或电子分隔开来，一粒子移至太阳边，另一粒子移至冥王星边，则当你操作其中一粒子使其状态发生变化时另一粒子也会即时发生相应的状态变化。最近实验显示量子纠缠的作用速度至少比光速快10,000倍。量子纠缠意味着：不管一对纠缠的粒子相隔多远，当对其中一个粒子做测量，另外一个粒子就即时知道该测量动作。物理学家应用这现象于量子信息学，如量子密码学。量子纠缠的机制尚不清楚，作为量子引力理论或弦理论或万物理论的一部分，量子纠缠机制的解释或将导致引力的本质解释[287]。

图 134 *量子纠缠*：量子纠缠能使相隔任意远的粒子瞬间相互作用，相互纠缠的粒子即使位于宇宙的两端也能保持联系[288]

"*洞察先于应用*"[289]，经过一个世纪努力，量子通讯现在成了现实。2016 年 08 月中国发射了世界首颗量子卫星，其通信可防黑客窃听，并在 2017 年 6 月宣称该卫星在创纪录的距离上实现了幽灵超距作用；2017 年 8 月中国在海水中实现在纠缠粒子间的量子通信，这可应用于潜艇在水下的保密通信；2017 年 9 月首次实现北

---

[286] https://en.wikipedia.org/wiki/Quantum_entanglement
[287] Quantum "Flashes" Could Be Responsible for the Creation of Gravity (Sept 2017)
[288] Quantum entanglement enables particles to affect each other instantaneously across any distance, and entangled particles would remain "connected even if they were on oppose sides of the universe.
[289] "Insight must precede application."

京与维也纳之间的量子加密国际视频电话[290]。"量子互联网"只是十年之遥了[291]。2017年量子纠缠应用于下一代更加灵敏的引力波探测器的设计。

*引力波和量子纠缠黄金期*。量子纠缠的应用和引力波探测的繁荣（参见§3.5引力波预言的证实）意味着爱因斯坦预言的引力波和量子纠缠开始进入黄金期。

量子纠缠源于爱因斯坦所谓的*幽灵超距作用*（spooky action at a distance）。1935年爱因斯坦努力想废除量子力学[292]，为此他证明了：如果量子力学是正确的，则一对相隔遥远的粒子之间有一种荒唐的相关性，即不管相隔多远这种相关性或纠缠不会减弱，他称此为鬼魅似的超距作用。他断定他的这一发现会一劳永逸地去除量子力学理论，然而事与愿违，自1980年以来物理学家一次又一次表明量子纠缠是真的、是佯谬，不管爱因斯坦认为量子力学多么怪诞不经，量子力学是正确的。

恒星的核聚变意味着爱因斯坦的"*上帝造宇宙时不玩骰子*"名言为假[293]。量子力学的不确定论能解释太阳的核聚变而爱因斯坦的确定论不能，爱因斯坦认为有限的实验和观测能力导致了不确定性。

无独有偶，*薛定谔猫*（Schrödinger's Cat）是一个思想实验，以示例来说明当时量子力学观点的荒谬性。把一只猫、一瓶毒药、一传感器和放射性物质放进封闭的盒子里。当传感器侦测到衰变粒子时，就会打破装有毒药的瓶，杀死这只猫。根据量子力学的哥本哈根诠释，在实验进行一段时间后，猫会处于既活又死的叠加态。可是假若实验者观察盒子内部，他会观察到一只活猫或一只死猫，而不是同时处于活状态与死状态的猫。这实验导致质疑：究竟猫既活又死的量子叠加态是在何时终止，并且塌缩成非活即死的单状态

---

[290] Scientists Just Made The First Quantum-Encrypted International Video Call.
[291] The "Quantum Internet" Is Just a Decade Away.
[292] EPR paradox — an attack on a certain philosophical interpretation of quantum mechanics
[293] Proof Of 'God Playing Dice With The Universe' Found In The Sun's Interior

[294]?

薛定谔猫思想实验原本是专门设计来批驳当时量子力学观点的，现今它是量子力学现代诠释的试金石，用来比较各种诠释的共同点、特别点、强点、和弱点。这思想实验巧妙地*变微观为宏观*来处理，将原本限于原子领域的不确定性变成了宏观的不确定性，然后可以通过直接观察来解决原子领域的不确定性。薛定谔猫思想实验与爱因斯坦的幽灵超距作用都意在质疑量子力学，爱因斯坦致信薛定谔给予该思想实验高度评价。然而事与愿违，他们的质疑大大促进了量子力学的发展[295]。

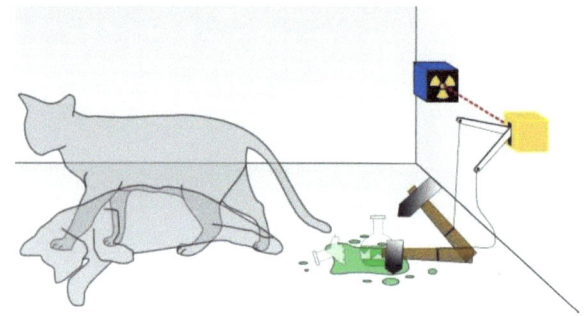

图 135 薛定谔猫思想实验, credit to Dhatfield

猫会处于既活又死的叠加状态是违反物理常识的，而量子力学认为这是可能的，事实上薛定谔猫已有许多应用[296]。这是量子力学与物理常识相矛盾的典例。

---

[294] Schrödinger's cat: a cat, a flask of poison, and a radioactive source are placed in a sealed box. If an internal monitor (e.g. Geiger counter) detects radioactivity (i.e. a single atom decaying), the flask is shattered, releasing the poison, which kills the cat. The Copenhagen interpretation of quantum mechanics implies that after a while, the cat is simultaneously alive and dead. Yet, when one looks in the box, one sees the cat either alive or dead not both alive and dead. This poses the question of when exactly quantum superposition ends and reality collapses into one possibility or the other.

[295] GRW theory (1985), and Quantum "Flashes" Could Be Responsible for the Creation of Gravity (Sept 2017)

[296] Schrödinger's cat - Wikipedia

## 5.3 四种超光速现象

爱因斯坦预测真空光速是一宇宙常数,是有质量物体的极限速度。当物体速度趋于光速时,其质量就趋于无穷大,则所需能量趋于无穷大,故有质量物体不能达到满光速;光子无静止质量[297]而能达到满光速,参见§3.7 质能方程。现有粒子加速器能产生 99.99%真空光速,但达不到满光速。自爱因斯坦以来,物理学家发现了 4 种*超光速现象*[298]。

1. 1934 年在核反应堆水中,光速达 75%真空光速,而堆中产生的电子快过那光速。该发现获 1958 年诺贝尔物理学奖。
2. 物理学家认为:宇宙大爆炸时,无质量的真空暴胀速度远大于真空光速。参见§4.2 宇宙从哪里来。
3. 量子纠缠是超光速现象,参见§5.2 量子纠缠佯谬。
4. 理论上,虫洞许可空间旅行或时间旅行,参见§ 3.9.2 悬而未决的时空观。*虫洞*是爱因斯坦场方程的一个解,可以连接极长的距离,甚至不同的宇宙[299]。磁性"虫洞"的创建已大功告成[300],但空间旅行的虫洞的创建尚无影无踪.[301]。

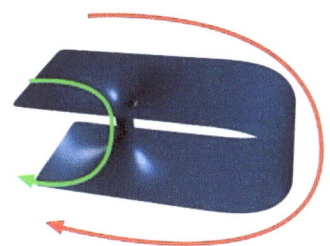

图 136 在宇宙的两个相隔甚远的空间区域之间,虫洞提供了一条相连通的捷径:绿线表示通过虫洞的短径,红线表示通过正常空间的长径。

---

[297] 还有别的无静止质量的实体(entity)吗?
[298] These 4 Cosmic Phenomena Travel Faster Than The Speed of Light
[299] A wormhole could connect extremely long distances..., different universes.
[300] A Magnetic 'Wormhole' That Connects Two Regions of Space Was Created
[301] A wormhole is effectively just a tunnel that connects two places in the Universe. So far scientists have simulated this process, but are nowhere near creating a gravitational wormhole, as it would require us to create huge amounts of gravitational energy - something we don't yet know how to do, MAR 2018

## 5.4 解释宇宙太初和命运的弦理论

宇宙的太初处于极其致密而微小的状态，以致解释宏观引力的爱因斯坦引力理论和解释亚原子的量子理论都不能估计宇宙太初的行为，诸如大爆炸前的质能从哪里来？什么启动大爆炸？弦理论是描述时空量子力学的新理论[302]，意欲统一广义相对论和量子理论，并进一步发展为万物理论，以解释上述宇宙太初行为，和解释暗能量为何物从而进一步解释宇宙的命运，不过尚未获实验证实。

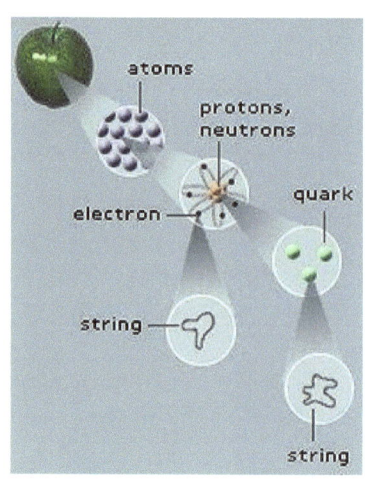

图 137 弦理论的基本前提：电子和夸克是微弦、圈、或膜

*弦理论*（String theory）是最有可能成功的万物理论[303]。它的基本前提（basic premise）是：亚原子粒子如夸克是不同振动模式的微弦、圈、或膜。如此亚原子粒子相互作用就是微弦之间相互作用，而微弦之间相互作用的规则看起来很适合时空和相对论，已发现弦的振型之一对应于*引力子*，它被假设为传递引力的量子机械粒

---

[302] String theory is a theory being constructed to describe the quantum mechanics of spacetime.

[303] "String Theory" proposes that the smallest unit of matter is composed of tiny vibrating strands of energy called "strings". The theory offers a possible solution that would unify the 4 fundamental forces that govern our universe: Gravity, Electromagnetic Force, Strong Nuclear, and Weak Nuclear Force. By doing so, this theory may explain how and why Relativity and Quantum Mechanics function in tandem.

子，因此弦理论有很大可能统合四种基本力。弦较粒子有个优势是弦有无穷个振动模式，例如单弦琴也能演奏出美妙韵律的音乐，多弦交互能共鸣出交响乐。

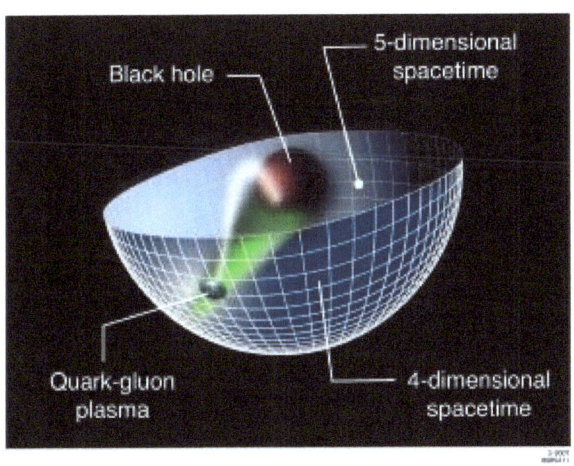

图 138 弦理论用于描述五维时空中黑洞的物理学[304]，Image: SLAC National Accelerator Laboratory

上图表示弦理论有助于理解黑洞量子力学[305]。

---

[304] String theorists describe the physics of black holes in five-dimensional spacetime.
[305] Using Einstein relativity and Hawking radiation, there were hints in the past that black holes have thermodynamic properties that need to be understood microscopically. A microscopic origin for black hole thermodynamics is finally achieved in string theory. String theory sheds amazing light on the entire perplexing subject of black hole quantum mechanics.

## 5.5 万物理论在哪里

现有的物理学能解释普朗克时间[306]（大爆炸后约 $10^{-43}$ 秒）后宇宙演进中的大部分现象，统合四种基本力的万物理论仍在探索途中。引力波、量子纠缠、多"信使"天文学等学说的突飞猛进将会促进万物理论柳暗花明。但是如果有人声称找到了万物理论，我们也无法通过观测和实验证实之，因为四种基本力统合所需的条件是宇宙诞生时的极端状态，这种状态一去不复返了，也无法人工创造。一种万物理论被接受与否，主要依赖于其预测能力，这是万物理论与可实证科学间的一个质的区别，或者说未来的万物理论位于宇宙学、量子物理、相对论和哲学的交界上。

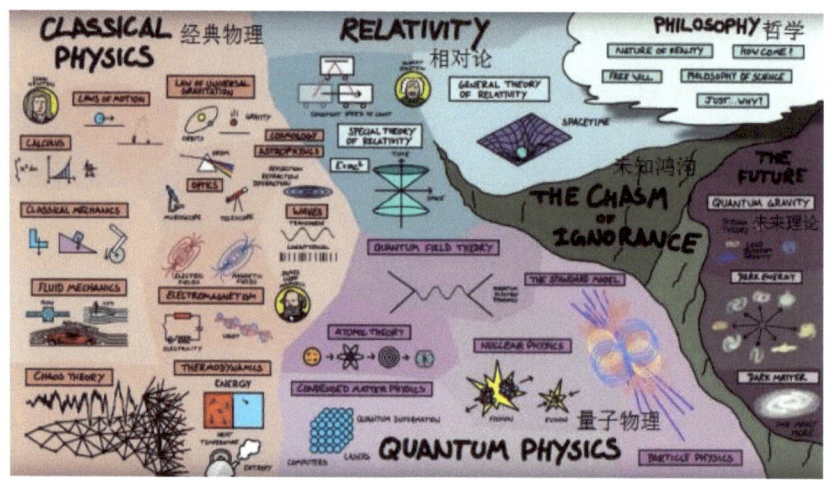

图 139 万物理论位于物理学和哲学的交界上，credit Dominic Walliman[307]

有些问题可以有哲学解释，例如如果大爆炸之前的原生原子（primeval atom）皆生于无，则自然定律从哪里来？宇宙如何知道演进？为什么自然定律产生了一个适于生命居住的宇宙？霍金认为大爆炸前没有时间和空间，且认同时间旅行、和多重宇宙[308]的可能

---

[306] The Planck scale is the scale beyond which current physical theories do not have predictive value.
[307] This Genius Map Explains How Everything in Physics Fits Together, Aug 2018
[308] Taming the multiverse: Stephen Hawking's final theory about the big bang, May 2018

性。还有些问题恐怕只有上帝清楚知道它们的来龙去脉，例如原生原子从哪里来？在大爆炸之前宇宙的空间、时间和物质是什么样子的？什么启动大爆炸？甚至依然有问"*大爆炸发生过吗?*"，迄今没有证据能不容置疑地证明大爆炸发生过、或排除其它学说[309]，事实上还有诸如膨胀坍缩周而复始的宇宙模型[310]。

科学研究进尺退寸。爱因斯坦场方程中的宇宙学常数先无中生有为了避免宇宙膨胀的预测，然后得而复失当观测到宇宙在膨胀时，今天又失而复得当观测到宇宙在加速膨胀时。大量的科学家在研究、寻找扑朔迷离的暗物质和暗能量，也有许多学者认为暗物质和暗能量不存在[311]。

"*弦理论的崛起，科学的堕落*"[312]。学界对弦理论也有强烈的批评：弦理论，时空4维以上的另外维度，诡异粒子，多重宇宙（extra dimension, exotic particles, multiple universe）等玄之又玄、光怪陆离的概念都没有通过实验检验、虚无缥缈，也许根本没有可能检验它们。

霍金毕生致力于发展万物理论、探索上帝的思维。万物理论在那里等待着你去发现！

图 140 *勇气和坚毅的典范*："虽然我的身体很受限，但我探索宇宙的思维是驰骋的"[313]----霍金

---

[309] Scientists Say They've Come Up With a Way to Test Once And For All Whether The Big Bang Actually Happened, Sept 2018
[310] These Swirls of Light Could Be Signs of a Previous Universe Existing Before Ours, Aug 2018
[311] Physicists Are Running Out of Places to Look For Mysterious Dark Matter Particles, Nov 2017.
[312] "The Rise of String Theory, the Fall of a Science"
[313] "Although my body is very limited, my mind is free to explore the universe".

## 5.6 灵感的源泉

牛顿定律统合了天地宏观运动，是创世纪以来最伟大的成果；爱因斯坦相对论统合了空间、时间、质量和能量四个物理量以及电磁力，实现了牛顿时代以来的天地宏观和微观运动最大统合；当今的万物理论求索致力于统合四种基本相互作用，那是上帝的思想，其成功就是人类推理的终极胜利。这些奇妙理论是人类科学的结晶，近乎神迹，都无愧是我们*灵感的源泉*。

| | |
|---|---|
| $F = -G\dfrac{mM}{r^2}$ | 300多年前牛顿定律：质量告诉引力如何施加力，力告诉质量如何加速。<br>Newton's laws: mass tells gravity how to exert a force and force tells mass how to accelerate. |
| 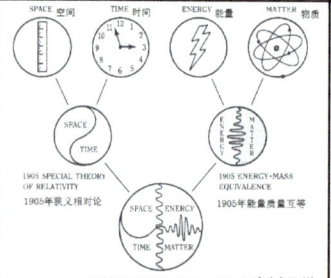 | 100年前爱因斯坦相对论：质量能量告诉空间时间如何弯曲，弯曲的空间时间告诉质量能量如何运动。<br>Einstein's theory of relativity: mass-energy tells space-time how to curve and curved space-time tells mass-energy how to move. |
| 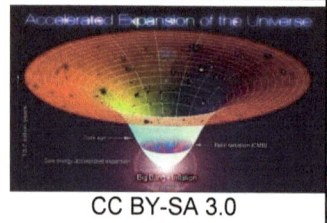<br>CC BY-SA 3.0 | 今天的一种宇宙加速膨胀理论---爱因斯坦场方程：<br>$R_{\mu\nu} - \dfrac{1}{2}Rg_{\mu\nu} = \dfrac{8\pi G}{c^4}T_{\mu\nu} - \dfrac{\Lambda}{c^2}g_{\mu\nu}$<br>对应的牛顿万有引力定律：<br>$F_\Lambda = -G\dfrac{mM}{r^2} + \dfrac{1}{3}\Lambda mr$ |
| 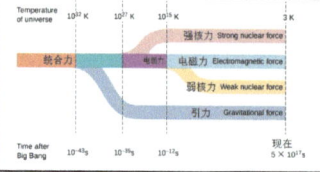 | 当今的万物理论：统一描述自然界四种基本力，最终能够解释宇宙的所有物理奥秘。<br>A Theory of Everything would unify all the fundamental interactions of nature to explain all physical aspects of the universe. |

图 141 科学的结晶，灵感的源泉

宇宙的奥秘层出不穷。1900年开尔文勋爵宣称："现在物理学中没有什么新的待发现，剩下的就是越来越精确的测量[314]"。不到三十年时间，爱因斯坦相对论和量子力学给物理学带来了革命性的变化。今天没有物理学家敢于断言我们对宇宙的物理知识已接近完成，相反每个新的发现似乎都引向一个更大、更深层次的物理谜团。宇宙加速膨胀之谜召唤着一种新颖的奇怪物理来解释它[315]；一种奇怪的物理，*量子隧道*允许电子穿越经典力学认为不可穿越的障碍，它的两个应用发明，隧道二极管和扫描隧道显微镜，都获得了诺贝尔物理学奖，还可用来转换地热为电力[316]。

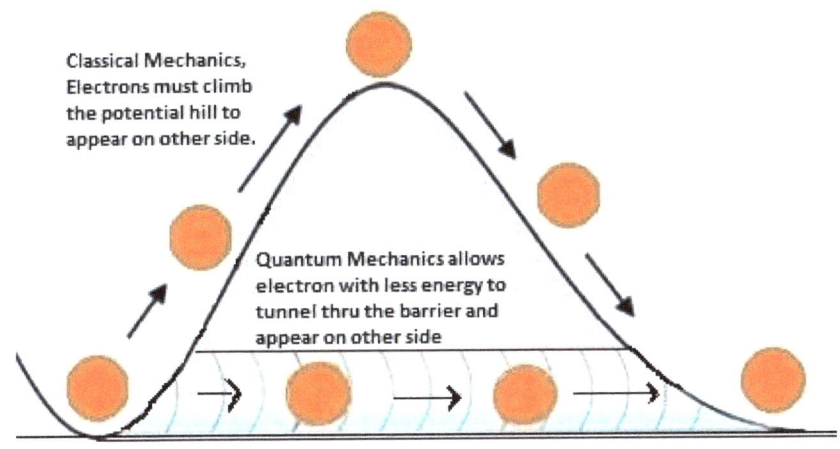

图 142 量子隧穿效应（Quantum tunneling effect）

"上帝在创造宇宙时是否有选择"[317]？人类能应对世界末日最有可能的 8 种形式[318]吗？人类与生俱来的求知欲望足以成为我们不断探索宇宙的不竭动力，愿此书助您开启宇宙奥秘！

---

[314] There is nothing new to be discovered in physics now. All that remains is more and more precise measurement.
[315] Latest Estimate on The Universe's Expansion Shows We Need New Physics to Explain It, Feb 2018
[316] We Can Now Harvest Electricity From Earth's Heat Using Quantum Tunnelling, Feb 2018
[317] "我想知道上帝如何创造这个世界"，哪一句更有挑战？
[318] There Are Many Ways The World Could End, But Scientists Think These Are The Most Likely, July 2018

## 索引

《上帝造亚当》, 22
《巴比伦塔》, 23
 未来通天塔, 24
《拿破仑法典》, 50
《新亚特兰蒂斯》, 27
 英国皇家学会, 26
《最后的晚餐》, 24
《自然哲学数学原理》, 53
 力学, 63
 自然哲学, 63
《苏格拉底之死》, 3
《英雄交响曲》, 51
《诺亚方舟》, 23
 《彗星撞地球》, 23
《雅典学院》, 1
万物理论, 134
 原子内结构和粒子尺寸, 136
 弦理论, 144
 弦理论的崛起，科学的堕落, 147
 当今的万物理论, iv
 第一轮万物理论, iii
 第二轮万物理论, iv
 统合, 134
万物理论的脉络, 139
为什么欧拉恒等式最美, 8
亚里士多德, 3
 月食, 4
 第一个西方哲学体系, iii
伽利略, 13
 修剪团队, 15
 判断真假王冠的合理方案, 2

吊灯, 15
 木星与其卫星体系的发现, 14
 越重的物体下落越快？, 13
 金星盈亏现象, 14
  第谷的地日混合模型, 14
伽利略变换, 81
佯谬和悖论, 83
 理发师悖论, 83
克伦威尔雕像, 21
勇气和坚毅的典范, 147
哈雷彗星, 50
哈雷激将法, 47
哈雷绘制南天星表, 49
图灵测试, 25
大爆炸发生过吗, 147
大爆炸猜想, 120
大爆炸理论, 116
 220亿年后大撕裂, 133
 人从哪里来, 116
 哈勃定律, 120
 四种基本力依次诞生, 138
 外星文明数量, 129
 大爆炸名副其实吗, 117
 宇宙学原理, 119
宇宙以外是什么, 110
宇宙加速膨胀, 133
 引力对棒球和飞船的效应, 132
 暗能量, 66, 123, 125, 133
宇宙命运, 122, 132
宇宙在开始前等待了无限长时间？, 122
宇宙奥秘的探索能力, 118

宇宙学还隐藏着更深的秘密, 118
宇宙由什么构成, 124
 太阳帆, 125
宇宙观, 72
 古代的无限宇宙观, 72
 奥伯斯悖论, 73
 托勒密宇宙模型, 4
 热寂说, 73
开尔文勋爵, 74
开普勒与第谷相得益彰, 12
开普勒柏拉图立体太阳系模型, 10
 柏拉图立体, 10
开普勒行星三大定律, 12
引力波, 93, 101
 中子星引力波, 103
 多"信使"天文学, 103
引力波以光速传播, 103
引力波和量子纠缠黄金期, 141
引力波特性, 102
引力透镜现象确定恒星质量, 97
拉普拉斯万物理论, 70
拉普拉斯猜想黑洞, 98
拉普拉斯的轶闻, 71
日心说, 5
 什么催生科学革命, 8
 傅科摆, 16
 历法改革, 5
 哥白尼遗骸, 8
 日心说前程漫漫, 6
 科学一小步，文明一巨步, 6
 阿里斯塔克斯, 5
星系层级, 115

太阳系, 5
太阳系在银河星系中的位置, 114
如何在方寸间示意整个已知宇宙, 115
智力游戏双向图, 41
月球在远离地球, 71
月球基地, 131
 地球磁极翻转, 130
 心惊肉跳的星际访客, 130
 方舟图书馆, 131
杰斐逊墓志铭, 76
极致的科学图案, 130
核聚变反应堆, 127
核聚变能源指日可待, 126
灵感的源泉, 148
爱因斯坦
 上帝在创造宇宙时是否有选择, 128
 上帝造宇宙时不玩骰子, 141
 场方程与牛顿引力理论相容, 108
 奇迹年, 79
 引入宇宙学常数是画蛇添足？, 121
牛顿, 60
 三棱镜将白光分解为彩虹, 35
 勒维耶预言, 70
 团队的光辉, 30
 基于地球进动的年代确定法, 46
 天赐良机, 32
 威斯敏斯特教堂的牛顿墓龛,

61

宇宙不是一座大钟, 45

巴罗独具慧眼识牛顿, 31

撤回的一英镑钞票, 55

星体振荡, 37

炼金术使牛顿相信超距作用和发现电子, 44

瞬时速度, 34

绝对空间, 58

至理名言, 1

色差, 40

蒲柏为牛顿写的墓志铭, 60

牛顿万有引力定律的修正, 123

牛顿力学允许速度无限, 83

牛顿否定漩涡说, 53

牛顿成功的因素, 66

    吴大猷，杨振宁和李政道, 67

牛顿方法论的解读, 65

    进化论催生核科学而核科学支持进化论, 67

牛顿是如何从法律学转成数学的, 31

牛顿炮弹思想实验, 52

牛顿的杞人忧天？, 121

相对论

    以太, 81

    伽利略变换与光速不变的矛盾, 81

    伽利略变换和光速不变导致不同枪击后果, 82

    光弯曲检验, 96

    光速不变, 81

    光锥, 111

    卡西尼航天器, 93

    地球周围时空曲率的测量, 16

    广义相对论通过黑洞测试, 106

    引力场, 92, 94

    引力子, 109, 113, 138, 144

    日常应用, 104

    时空弯曲的机理, 109

    时空有4维, 110

    时间, 110

    时间和长度是相对的, 90

    有限无界的几何面, 110

    水星轨道异常, 70

    牛顿引力传递速度无限与光速极限相矛盾, 93

    看似引力的后果实际上是弯曲时空的后果, 91

    虫洞, 143

    超光速现象, 143

    隐形斗篷, 36

相对论从哪里来, 105

相对论是真的吗, 106

相对论的反常识概念, 104

    光弯曲, 96

    孪生佯谬, 88

    引力空间收缩和时间膨胀, 100

    质量随速度增大而增大, 83

    运动时间膨胀, 88

    运动长度收缩, 89

相对论的惊人预言, 79

相对论的精髓, 79

宇宙学还隐藏着更深的秘密, 118
宇宙由什么构成, 124
 太阳帆, 125
宇宙观, 72
 古代的无限宇宙观, 72
 奥伯斯悖论, 73
 托勒密宇宙模型, 4
 热寂说, 73
开尔文勋爵, 74
开普勒与第谷相得益彰, 12
开普勒柏拉图立体太阳系模型, 10
 柏拉图立体, 10
开普勒行星三大定律, 12
引力波, 93, 101
 中子星引力波, 103
 多"信使"天文学, 103
引力波以光速传播, 103
引力波和量子纠缠黄金期, 141
引力波特性, 102
引力透镜现象确定恒星质量, 97
拉普拉斯万物理论, 70
拉普拉斯猜想黑洞, 98
拉普拉斯的轶闻, 71
日心说, 5
 什么催生科学革命, 8
 傅科摆, 16
 历法改革, 5
 哥白尼遗骸, 8
 日心说前程漫漫, 6
 科学一小步，文明一巨步, 6
 阿里斯塔克斯, 5
星系层级, 115

太阳系, 5
太阳系在银河星系中的位置, 114
如何在方寸间示意整个已知宇宙, 115
智力游戏双向图, 41
月球在远离地球, 71
月球基地, 131
 地球磁极翻转, 130
 心惊肉跳的星际访客, 130
 方舟图书馆, 131
杰斐逊墓志铭, 76
极致的科学图案, 130
核聚变反应堆, 127
核聚变能源指日可待, 126
灵感的源泉, 148
爱因斯坦
 上帝在创造宇宙时是否有选择, 128
 上帝造宇宙时不玩骰子, 141
 场方程与牛顿引力理论相容, 108
 奇迹年, 79
 引入宇宙学常数是画蛇添足？, 121
牛顿, 60
 三棱镜将白光分解为彩虹, 35
 勒维耶预言, 70
 团队的光辉, 30
 基于地球进动的年代确定法, 46
 天赐良机, 32
 威斯敏斯特教堂的牛顿墓龛,

61
宇宙不是一座大钟, 45
巴罗独具慧眼识牛顿, 31
撤回的一英镑钞票, 55
星体振荡, 37
炼金术使牛顿相信超距作用和发现电子, 44
瞬时速度, 34
绝对空间, 58
至理名言, 1
色差, 40
蒲柏为牛顿写的墓志铭, 60
牛顿万有引力定律的修正, 123
牛顿力学允许速度无限, 83
牛顿否定漩涡说, 53
牛顿成功的因素, 66
 吴大猷，杨振宁和李政道, 67
牛顿方法论的解读, 65
 进化论催生核科学而核科学支持进化论, 67
牛顿是如何从法律学转成数学的, 31
牛顿炮弹思想实验, 52
牛顿的杞人忧天？, 121
相对论
 以太, 81
 伽利略变换与光速不变的矛盾, 81
 伽利略变换和光速不变导致不同枪击后果, 82
 光弯曲检验, 96
 光速不变, 81

光锥, 111
卡西尼航天器, 93
地球周围时空曲率的测量, 16
广义相对论通过黑洞测试, 106
引力场, 92, 94
引力子, 109, 113, 138, 144
日常应用, 104
时空弯曲的机理, 109
时空有4维, 110
时间, 110
时间和长度是相对的, 90
有限无界的几何面, 110
水星轨道异常, 70
牛顿引力传递速度无限与光速极限相矛盾, 93
看似引力的后果实际上是弯曲时空的后果, 91
虫洞, 143
超光速现象, 143
隐形斗篷, 36
相对论从哪里来, 105
相对论是真的吗, 106
相对论的反常识概念, 104
 光弯曲, 96
 孪生佯谬, 88
 引力空间收缩和时间膨胀, 100
 质量随速度增大而增大, 83
 运动时间膨胀, 88
 运动长度收缩, 89
相对论的惊人预言, 79
相对论的精髓, 79

相对论统合空间、时间、质量和能量, 80
相对论解释了牛顿未解的超距作用之谜, 91
神奇的物理常数及其组合, 128
科学的结晶, v
笛卡儿
    圆锥曲线, 17
    我思故我在, 18
    机械哲学, 17
    漩涡说, 17
    超距作用, 18
胡克湮没无闻原因, 19
    伦敦大火, 26
莱布尼茨, 42
    全能的神?, 46
    宇宙完美, 42
        人为地质纪元, 43
        地球最优化, 43

绝对静止惯性参考系?, 59
莱布尼茨的微积分符号优于牛顿的, 42
见微知著, 133
量子力学, 137
量子引力, 138
量子纠缠, 140
    幽灵超距作用, 141
    洞察先于应用, 140
    薛定谔猫, 141
        变微观为宏观, 142
量子隧道, 149
麦克斯韦理论, 81
    如果太阳突然消失, 93
黑洞定义, 99
黑洞是否像宇宙的单向出口, 99
黑洞活动循环的预测, 100

附录

## 1. 伟大学者的生卒年表

|  |  |
|---|---|
| 1 | 柏拉图(80岁, 427-347BC), Plato |
| 2 | 亚里士多德(62岁, 384-322BC), Aristotle |
| 3 | 阿里斯塔克斯(80岁, 310 – 230 BC), Aristarchus |
| 4 | 托勒密(78岁, 90—168), Ptolemaeus |
| 5 | 达芬奇(67岁, 1452-1519), Da Vinci |
| 6 | 米开朗基罗(88岁, 1475-1564), Michelangelo |
| 7 | 拉斐尔(37岁, 1483-1520), Raffaello |
| 8 | 哥白尼(70岁, 1473-1543), Nicolaus Copernicus |
| 9 | 培根(65岁, 1561-1626), Francis Bacon |
| 10 | 伽利略(77岁, 1564-1642), Galileo Galilei |
| 11 | 开普勒(58岁, 1571 – 1630), Johannes Kepler |
| 12 | 笛卡儿(53岁, 1596 – 1650), René Descartes |
| 13 | 波义耳(64岁, 1627 – 1691), Robert Boyle |
| 14 | 惠更斯(66岁, 1629-1695), Christiaan Huygens |
| 15 | 雷恩(91岁, 1632-1723), Christopher Wren |
| 16 | 洛克(72岁, 1632-1704), John Locke |
| 17 | 胡克(67岁, 1635-1703), Robert Hooke |
| 18 | 牛顿(84岁, 1642-1727), Issac Newton |
| 19 | 莱布尼兹(70岁, 1646 – 1716), Gottfried Leibniz |
| 20 | 哈雷(85岁, 1656-1742), Edmond Halley |
| 21 | 拉格朗日(77岁, 1736-1813), Joseph Lagrange |
| 22 | 拉普拉斯(77岁, 1749-1827), Pierre-Simon Laplace |
| 23 | 麦克斯韦(48岁, 1831–1879), James Clerk Maxwell |
| 24 | 爱因斯坦(76岁, 1879 – 1955), Albert Einstein |

## 2. 论文摘要： Jinwei LU, Implication of the Cosmological Constant for Newton's Law of Gravity

Dr Jinwei LU

**Abstract**

Implications of the cosmological constant in the context of Newton's law of gravity are made through analysis and simulation. A modified Newtonian law of gravity is derived from Friedmann equations with the cosmological constant, and shows that the cosmological constant results in an additional linear term to Newton's law of gravity. Then if the additional linear term is assumed to be attributed to the mass of ordinary matter in the universe, the mass provides an understandable explanation for the origin of the cosmological constant or dark energy, which does not need exotic properties of dark energy any more. And further the modified Newtonian law is simulated by means of data about Sun, Milky Way, and Universe available at websites. The restricted simulation shows that 1) within the whole Milky Way, the modified Newtonian law of gravity approximates to Newton's law of gravity, and 2) within the region from Sun to the edge of Milky Way, the gravity per unit mass is proportional to the distance of the mass to the centre of Milky Way assuming the mass density of ordinary matter is homogeneous in the region, and 3) in the homogeneous and isotropic region, the gravity is dominated by the extra linear term, which functions as a repulsive force causing the accelerating expansion of the universe. Perhaps the implications would enhance or weaken some hypotheses in cosmology. In addition, the math here used in the analysis of complex physical concepts is not complex, and thus it helps inspire in teaching and learning of physics.

**Key Words:** Cosmological Constant; Modified Newtonian Law of Gravity; Dark Energy

**04.50.Kd: Modified theories of gravity**

www.ingramcontent.com/pod-product-compliance
Lightning Source LLC
Chambersburg PA
CBHW041057180526
45172CB00001B/5